超圖解

馬達技術入門

從馬達的種類、運轉原理到應用方式，一本完整掌握！

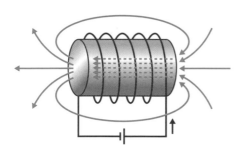

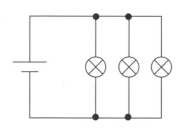

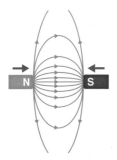

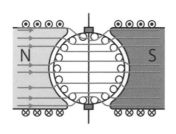

森本雅之／著　　陳朕疆／譯

前言

　　各位，你覺得「馬達」是什麼樣的東西呢？

　　聽到這個問題，一般人應該都會回答「馬達是一種**會轉動的機械**」吧。沒錯。但更精確地說，馬達是一種「**能轉動其他東西的機械**」。換句話說，馬達是為了轉動其他東西的機械，或者說是**驅動某個東西的機械**。

　　驅動摩托車、快艇的是引擎。汽車、船也是靠引擎驅動。引擎是「驅動某些東西」的機械，而事實上這就是馬達的原意。嚴格來說，馬達指的是**原動機**或是**動力裝置**。原動機是**將燃料等各式各樣的「能量」轉換成機械性「運動」的裝置**。其中，以電力驅動的原動機，一般稱作馬達。馬達的英文為electric motor，即電動馬達。本書所說明的馬達，皆為電動馬達。

　　在50年前左右，家中的馬達數量就代表了生活的富裕程度。代表性產品包括**電動洗衣機**、**電冰箱**等。現在我們會直接稱其為洗衣機與冰箱，但當時會特別加上「電」這個前綴。因為當時的家庭很少會用到馬達，大部分的電力都用於照明。當時若提到電，一般人第一個想到的是照明用電，很少人會想到要把電用在照明以外的機械上。

　　不過到了今日，家中使用的各種電器幾乎都有用到馬達。冷氣、吸塵器等家電內部都有個大瓦數的馬達。而即使是智慧型手機或電腦等乍看之下沒有在「動」的機械，其實也都有用到馬達。究竟一個家庭中有多少個馬達呢？我們已經很難算出正確數字了。

數年前曾有一份研究調查「日本發電所產生的電力，最後都用在什麼地方」，結果發現，日本一年的總發電量中，**約有60%的電力最終都用於馬達**。也就是說，一半以上的電力都用來讓某個東西運動。這表示，如果我們能改善馬達的效率，減少電力的使用，就能減少發電量，改善CO_2排放等環境問題。馬達不只是**生活中不可或缺的機械**，也是幫助我們**打造出美好社會的利器**。

　　本書會介紹馬達的**原理**、**種類**、**使用方式**。希望各位在深入瞭解馬達是什麼之後，能聰明有效地運用馬達，使社會上所有人過得更為便利。

2022年9月

森　本　雅　之

本書的目標讀者

本書的目標讀者為對馬達有興趣的廣大群眾。具體而言，我們推薦以下讀者閱讀本書。

- 非專精於馬達的工程師
- 非馬達相關產品的技術人員
- 不擅長物理或數學的理組大學生
- 考慮就讀理組科系的高中生
- 喜歡機械的人

本書結構

本書由以下7個Chapter構成。

Chapter 1　**馬達是什麼？**
Chapter 2　**馬達的基礎！DC馬達**
Chapter 3　**克服缺點！無刷馬達**
Chapter 4　**目前的主流！AC馬達**
Chapter 5　**進化後的AC馬達**
Chapter 6　**更多馬達！各式各樣的馬達**
Chapter 7　**有助於挑選馬達的知識**

在Chapter 1中，我們會說明學習馬達時必要的電磁現象基礎知識，以及馬達旋轉的機制。在Chapter 2中，我們會說明基本DC馬達的運作機制。在Chapter 3中，會說明克服了DC馬達缺點的無刷馬達。在Chapter 4與Chapter 5中，會說明近年成為主流的AC馬達。在Chapter 6中，我們會從各式各樣的馬達中，挑出一些馬達介紹。在Chapter 7中則會進一步詳細說明Chapter 6以前提到的各種概念。

CONTENTS

Chapter 3 | 克服缺點！無刷馬達

Chapter 4 | 目前的主流！AC馬達

1

馬達是什麼？

馬達是將電力轉換成旋轉力，轉動某個東西的機械。在 Chapter 1一開始，先
讓我們學習馬達力量的來源、電力與磁力的基礎，以及馬達的旋轉機制。

1 馬達是「能轉動其他東西的機械」

馬 達是**用電力轉動其他東西的機械**。一般情況下，不會只有馬達轉動。馬達一定會轉動某個東西，而這個東西就叫做**負載**。或者說，馬達的功能就是配合負載的性質或狀態轉動負載。以下列出幾個具體的例子。

以電車為例，馬達轉動車輪後，可讓電車前進。此時馬達的工作就是**轉動車輪而已**。電車是在車輪的帶動下往前或往後移動，而不是由馬達直接帶動。另外像是泵浦抽水往上時，馬達**只是轉動泵浦而已**，將水往上抽是泵浦的功能，而非馬達的功能。

綜上所述，馬達所做的只是轉動負載。**將馬達的轉動轉變成各種功**[1]**，是負載機械的功能。**

而且馬達不只能轉動負載，在適當的情況下，也能夠用於制動（ **參照** ⑥⑷）。若設定馬達緩慢轉動，那麼在汽車下坡時，就可以發揮制動效果，阻止汽車加速。

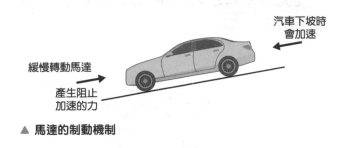

緩慢轉動馬達

產生阻止
加速的力

汽車下坡時
會加速

▲ 馬達的制動機制

　　馬達旋轉時，**會將電能轉換成動能**。電能會在馬達的內部轉換成磁能，也就是**用電力與磁力產生旋轉的力量**。

　　要說明這種旋轉機制，需要瞭解電力與磁力，也就是**電磁現象**的相關知識。Chapter 1的目標就是讓讀者進一步瞭解電磁現象，說明「為什麼馬達會轉動」。如果要瞭解我們生活周遭的馬達，就先從原理開始學起吧。

※1　這裡說的「功」，指的是物理學中移動物體時需要的能量。詳情請參照「⑧旋轉的力量，轉矩是什麼？」。

2 沒有馬達 就無法正常生活！

提到「靠馬達動起來的東西」時，你會想到哪些機械呢？首先應該會想到汽車或電梯這種肉眼看得到它在動的東西吧，但靠馬達動起來的機械不只這些。我們的生活中到處都有馬達，甚至可以說要是沒有馬達的話，我們就沒辦法正常生活。這裡就讓我們從一整天的作息確認各個時段中，馬達分別活躍於哪些領域。

- 早晨，**智慧型手機**會發出聲音與震動。手機的震動功能就是靠內部的超小型馬達實現。

- 起床後要洗臉。在馬達驅動泵浦後，泵浦才能將**自來水**往上抽至家中。洗完臉後，從**冰箱**中拿出冰牛奶與穀片當作早餐。冰箱內

的冷氣需要靠馬達驅動。

- 出門上班。車站內的**電扶梯**需要靠馬達驅動，**電車**也需要靠馬達驅動。

- 抵達公司後啟動**電腦**。按下電源之後，電腦會發出呼 —— 的聲音，這是馬達驅動風扇旋轉以冷卻電腦的聲音。
- 回家時搭乘**計程車**。不管是**電動車**還是**引擎車**，都會搭載數十顆馬達。
- 回家後打開電視，看到**無人機**的空拍影像。無人機沒有馬達的話就飛不起來。

綜上所述，我們四周隱藏著數不清的馬達，維持我們的生活。

3 磁鐵之力＝磁力

馬達需靠**磁力**才能運轉。磁力為磁鐵的力量，磁鐵可以透過磁力**吸引或排斥周圍的磁鐵與鐵**。馬達會利用磁力產生旋轉的力量。聽起來很像是在繞遠路，但實際上並非如此。首先讓我們來看看磁鐵是什麼東西吧。

磁鐵之所以能夠吸引鐵，是**因為鐵暫時變成了磁鐵**。磁鐵靠近時，鐵會生成**磁極**，與磁鐵的磁極彼此吸引。這種使鐵產生磁極的現象稱作**磁感應**，磁感應產生磁極的過程稱作**磁化**。如果鐵遠離磁鐵，磁化就會減弱，吸引力也會變小。我們會在**專欄2**中詳細說明磁化是什麼。

磁鐵會影響其周圍的環境，磁感應就是其中一個例子。磁鐵影

響所及的空間稱作**磁場**。容易被磁場磁化，而且拿掉磁場後也會留下強烈磁化效應的物質稱作**永久磁鐵**。永久磁鐵常用於馬達。

我們可以用**磁力線**來說明磁力的生成機制。磁力線是一種從N極出發，回到S極的假想線段（下圖中的橘線）。磁力線的方向表示磁場的方向，磁力線的密度表示磁場的強度。在此條件下畫出的磁力線有2個性質，分別是**磁力線會趨於伸直並收縮**，以及**同方向的磁力線會彼此排斥**。因為有這2個性質，所以會產生如下圖般的**吸引力**與**排斥力**。

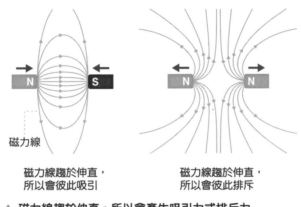

磁力線

磁力線趨於伸直，
所以會彼此吸引

磁力線趨於伸直，
所以會彼此排斥

▲ 磁力線趨於伸直，所以會產生吸引力或排斥力

磁場為「受磁鐵影響的空間」，因此即使是不存在磁鐵與對象物品的真空空間，也可能會受到磁鐵影響而有磁場。

另外，物理學中有所謂的**磁通量**。磁通量為磁力線的數目，磁力線的密度則稱作**磁通量密度**。

4 電流周圍會產生磁場

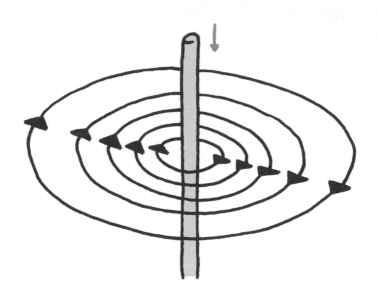

電流通過時，周圍會產生磁場。當電流為直線狀流動時，周圍的磁場會呈**同心圓狀**[2]分布。此時，我們會用**電流外側一圈圈的磁力線**來表示磁場。離電流越近，磁場越強；離電流越遠，磁場越弱。

我們可以用**右手螺旋定則**來說明磁場與電流的方向。當電流朝著螺絲

磁場方向

電流方向

▲ 環狀電流產生的磁場

※2 同心圓指的是2個以上，擁有相同圓心的圓。「呈同心圓狀分布」就像樹幹的年輪一樣，由多個不同半徑的同心圓構成。

的尖端前進時，磁場的方向便與螺紋相同。

　　那麼不是直線前進的電流，磁場又會如何分布呢？若電流為環狀流動，周圍也會產生同心圓狀的磁場。由於電流為圓形，因此周圍產生的磁場可以看成是**2個同心圓合成**後的結果（第8頁的圖）。如果將繞一圈的電流視為一片圓板，那麼磁力線就會從圓板的一側竄出，再從另一側回來。

　　如果將電線纏繞成**線圈**，線圈會形成什麼樣的電流呢？此時會產生許多**環狀流動的電流彼此重疊**（下方左圖）。

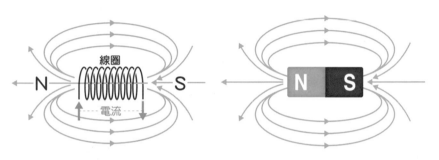

▲ 線圈的電流產生的磁場　　　　　▲ 棒狀磁鐵周圍的磁場

　　磁力線會從線圈左端竄出，再回到線圈右端。此時，可**將線圈左端視為N極，右端視為S極**。這種磁場的形狀與棒狀磁鐵周圍的磁場（上方右圖）十分相似。

　　由電流產生的磁場，以及由磁鐵產生的磁場，都有其形狀與大小。通電後會產生磁場的磁鐵稱作**電磁鐵**，電磁鐵與永久磁鐵皆會以磁場影響周圍。馬達就是靠著電磁鐵或永久磁鐵所產生的磁場來運轉。

5 由電力與磁力構成的電磁力

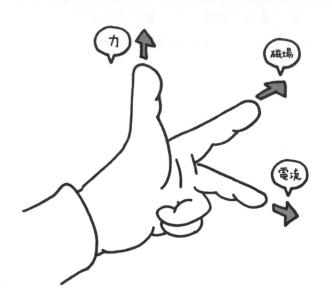

當電流通過磁場中的**導體**（可導電的物體）時，導體會受到力的作用。我們可以用磁力線來說明這個現象。

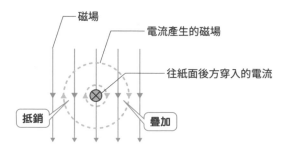

磁場
電流產生的磁場
往紙面後方穿入的電流
抵銷
疊加

▲ 由上而下的磁場，以及導體產生的磁場

如第10頁的圖所示，假設有個由上而下的均勻磁場。與磁場垂直的方向上，有個電流沿著導體流動。在第10頁的圖中，電流從紙面前方穿入後方。此時電流所產生的磁場以電流為圓心呈同心圓狀分布，以順時鐘方向旋轉。這2個磁場合成後會發生什麼事呢？

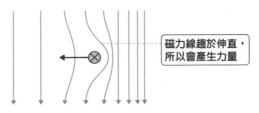

磁力線趨於伸直，所以會產生力量

▲ **2個磁場組合後形成的合成磁場**

當2個磁場合成時（**合成磁場**），電流左側的磁力線彼此方向相反，因此磁場會變弱；電流右側的磁力線方向相同，因此磁場會變強。換句話說，**電流左側的磁力線較稀疏，右側較密集**。磁力線會為了避開電流而彎曲。

此時，因為磁力線有「趨於伸直並收縮」的性質（ **參照** ③ ），所以右側彎曲的磁力線會傾向伸直。於是便會產生一股力量，使通電導體往左方移動。這就是磁場與電流所產生的力，稱作**電磁力**。

馬達是由電流與電磁力驅動的機械。換句話說，馬達旋轉的動力就是來自電磁力。

電磁力的方向可以用**弗萊明左手定則**來說明。如第10頁的插圖所示，若左手中指為電流方向，食指為磁場方向，那麼拇指就是受力方向。

為什麼馬達會旋轉？

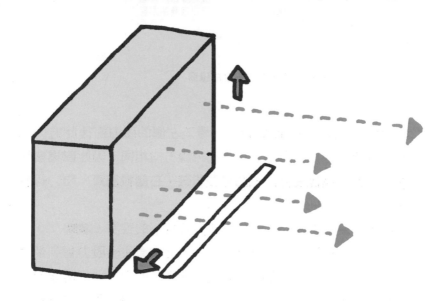

馬達之所以會旋轉，是因為馬達內部的**磁場方向與電流方向會保持垂直**。上方插圖為馬達局部的剖面圖。

插圖中磁鐵的磁場方向為**由左往右**。磁場中有一個與磁場方向垂直的導體。如果導體內的電流如箭頭所示，那麼這個導體就會受到一個往上的力量。若僅是如此，導體只會一直往上前進。

讓我們試著用這種力來旋轉導體吧。

首先，再追加另一個導體。如第13頁的圖所示，將導體配置成「ㄈ字形」，並通以相同大小的電流，右側導體的電流方向便與左側導體相反。於是，右側導體就會受到一個往下的力。右側與左側所受的力量方向相反，若固定「ㄈ字形」的正中央為軸，「ㄈ字

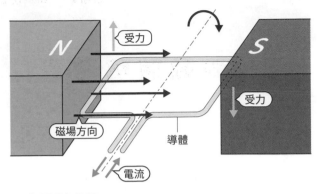

▲ 靠電磁力旋轉

形」導體就會產生一個**旋轉的力量**。

在這樣的配置下，**電流就會產生旋轉的力量**。這就是**馬達旋轉的原理**。

當然，在這種配置下，馬達轉不到半圈就會停下來。若要讓它成為持續轉動的馬達，還要再多加一點工夫才行。

看到這裡，可能有人會想問「只要有一個導體，就能產生轉動的力量嗎？」沒錯，即使只有一個導體也能產生轉動的力量。但只有一個導體時，無法讓它持續轉動。若想讓馬達持續旋轉下去，圓周上至少要有3個導體才行。

7 馬達轉動時會發電

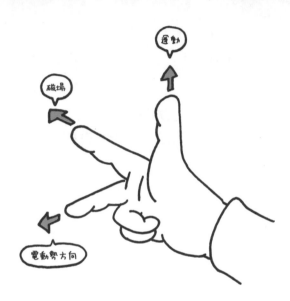

磁場與電流可以驅動馬達，不過磁場還有一個重要的角色。那就是**磁場存在時會產生電**。馬達旋轉時，馬達內部其實也在發電。

導體在磁場內移動時，導體內部就會產生電壓。這個電壓稱作**電動勢**（**感應電動勢**）。產生電動勢，就表示產生了電力。

當導體的運動方向與磁場垂直時，導體內部就會產生感應電動勢。電動勢的方向可以用**弗萊明右手定則**來說明。如插圖所示，右手中指為電動勢方向，食指為磁場方向，拇指為運動方向。

導體運動所產生的感應電動勢大小，會與導體的移動速度成正比，故在日文中也稱作**速度起電力**。若導體如第15頁的圖般旋

轉，感應電動勢會與轉速成正比。換句話說，馬達內部會產生與轉速成正比的電動勢。

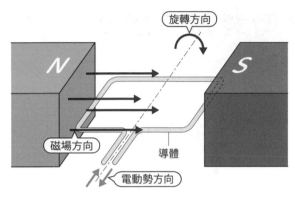

▲ 旋轉產生的電動勢

發電機就是使用這種電動勢來發電。從外部轉動馬達使其產生電動勢，便能發出電力。事實上，馬達與發電機的基本結構完全相同，只是一個是從外部轉動，一個是通電後轉動而已。兩者都是在動能與電能之間轉換的機械，只是轉換方向不同。

要轉動馬達時，需接上外部**電源**。電源可供應電流，也就是電動勢（電壓）。電動勢可讓馬達產生相應的電流。

不過當馬達旋轉時，馬達內部也會產生電動勢。這種馬達內部的電動勢，與電源產生的電動勢方向相反。換句話說，馬達產生的電動勢會讓來自電源的電流難以通過。因此，這種電動勢也叫做**反電動勢**。

8　旋轉的力量，轉矩是什麼？

馬達之所以會旋轉，是因為有旋轉的力量施加在馬達上。一般提到**力**的時候，指的是直線方向上的作用。推動物體，感覺到重量等等，都是直線方向的力所造成的現象。

　　另一方面，**旋轉力**則是讓物體旋轉的力量。除了力的大小之外，力的作用位置也會影響旋轉力的特性。在上方的插圖中，與長度1的位置相比，如果在長度2的位置旋轉物體，只需一半的力量就能產生相同的旋轉力。**旋轉力 T**可以表示成**力的大小 F**與**半徑長 L**的乘積。

$$\text{轉矩} \quad \underset{\substack{\uparrow \\ \text{力的大小}}}{T = \overset{\substack{\text{旋轉力} \\ \downarrow}}{F} \times \overset{\substack{\text{半徑長} \\ \downarrow}}{L}}$$

這就是**轉矩**,或者是稱作**力矩**。轉矩單位為[N・m](牛頓公尺)。轉矩是一種旋轉力,也就是旋轉馬達的力。

物理學中有「**功**」這個概念。直線運動時,以1N(牛頓)的力使物體移動1m時,需作1J(焦耳)的功。功可以表示移動時需要的能量[J]。

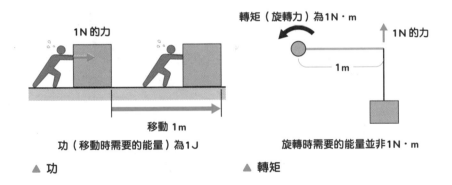

1N 的力

移動 1m

功(移動時需要的能量)為1J

▲ 功

轉矩(旋轉力)為1N・m

1N 的力

1m

旋轉時需要的能量並非1N・m

▲ 轉矩

轉矩的單位為[N・m],為力與半徑的乘積(旋轉物體的力)。但轉矩是一種力矩,而非一種功(能量)。雖然很相似,卻是完全不同的東西,請特別注意。

9 瞭解馬達的輸出與單位

馬達的輸出可以用[W]（瓦）來表示。**輸出**是什麼意思呢？馬達的輸出，指的是**旋轉運動的大小**。馬達旋轉時會產生轉矩，此時包含轉速在內的馬達旋轉運動大小，就是馬達的輸出。馬達輸出會以「**額定輸出**」、「**最大輸出**」等方式表示。

輸出的單位是[W]，而這也是電力的單位。**電力**是**每秒的電能消耗量**，可以表示成[W] = [J/s]。[J]為能量單位。能量在力學上稱作功（**參照** ⑧），即工作的能力。每秒作的功稱作**功率**，單位為[J/s]（焦耳每秒）。也就是說，電力[W]即為電的功率[J/s]。

馬達的輸出[W]可表示成**轉矩×轉速**。轉矩單位為[N·m]，轉速單位為**角速度**ω[rad/s]（每秒弧度）[※3]。讀者可能不大熟悉這裡所提到的角速度，簡單來說，轉1圈360度時，就相當於轉了

$2\pi[\text{rad}]$（弧度）。所以當角速度為$2\pi[\text{rad/s}]$時，就表示在1秒內轉了1圈。我們平常使用的轉速為「1分鐘轉了幾圈」，即每分鐘轉速$[\text{min}^{-1}]$（每分鐘），2種單位之間需要換算。若轉速單位為每分鐘轉速，則可依以下算式計算輸出。

馬達輸出
（**每分鐘轉速$[\text{min}^{-1}]$**）

輸出[W]　轉矩[N·m]

$$P = \frac{2\pi}{60} \ T \cdot N = 0.1047\,T{\cdot}N$$

每分鐘轉速$[\text{min}^{-1}]$

馬達輸出
（**角速度$[\text{rad/s}]$**）

轉矩[N·m]

$$P = T \cdot \omega$$

輸出[W]　角速度[rad/s]

由計算輸出的式子可知道輸出[W]與轉矩[N·m]的關係。即使馬達的輸出[W]相同，如果每分鐘轉速不同，轉矩就不一樣。說得更精準一點，輸出相同時，轉矩與每分鐘轉速成反比。

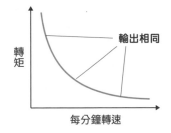

▲ 輸出、轉矩、每分鐘轉速之間的關係

如果每分鐘轉速很高，即使轉矩很小，也能夠有很大的輸出。比較每分鐘100萬轉的馬達，與每分鐘100轉的馬達，如果兩者輸出相同，轉矩就會相差1萬倍。轉矩不同，就代表馬達大小不同。另外，輸出有時也稱作**動力**。馬達的輸出，就是馬達轉動之機械所需要的動力。輸出與動力所代表的意義完全相同。

※3　角速度 [rad/s]：在馬達的理論算式中，會用角速度來表示轉速（每分鐘轉速）。

10 馬達轉動的對象叫做負載

馬達是為了轉動某些東西而存在。馬達所轉動的東西，稱作馬達的**負載**（ 參照 ① ）。負載是透過旋轉作功的機械。

讓我們以風扇為例進行說明。馬達的工作是負責轉動風扇的扇葉，馬達也只能轉動風扇的扇葉。而轉動後可以吹出風，則是扇葉的工作。

「轉動後可以吹出風」就是因為**旋轉的能量轉換成了空氣的動能，即空氣的移動**（風速）。

若提升馬達轉速，風速也會跟著提升；降低轉速，風速就會下降。不過馬達的工作只有轉動扇葉而已，將這股能量傳遞給空氣，則是扇葉的工作。

換句話說，馬達的功能就是轉動負載。那麼不管負載的種類為何，都能用相同的馬達來轉動嗎？

事實上，各種負載都有本身特有的性質，需要使用符合其性質的馬達來轉動。這裡所謂的性質，指的是轉動負載時需要的轉矩與轉速，稱作**負載的轉矩特性**。

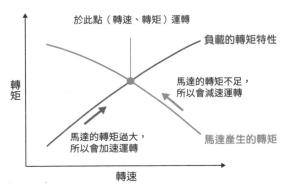

▲ **馬達與負載的運轉**

馬達必須產生一定的轉矩，使負載能夠維持一定的轉速。如果馬達的轉矩大於負載所需要的轉矩，馬達就會加速。相對地，如果馬達的轉矩小於負載所需要的轉矩，馬達就會減速。也就是說，馬達需在「負載轉矩等於馬達轉矩」的狀態下運轉，才能維持一定的轉速。

不同機械的運作原理與性質不同，負載轉矩的性質也不一樣。負載轉矩的種類如第22頁的圖所示，多數機械的負載轉矩都擁有該圖中3種轉矩特性之一。

「不管轉速是多少，需要的轉矩皆相同」的負載特性，稱作**定轉矩特性**。輸送帶或是捲揚機便擁有這種性質。因為馬達輸出為**轉矩×轉速**（ **參照** ⑨ ），所以當負載為定轉矩特性時，輸出與轉速成正比。

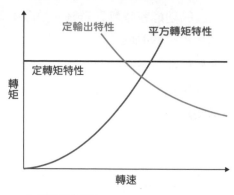

▲ 負載的轉矩特性

「轉速與轉矩成反比」的負載特性，稱作**定輸出特性**。這種負載轉矩不管轉速是多少，馬達的輸出都相同。車輛與捲線機皆擁有這種性質。在滾動網球場用的滾筒時，一開始會覺得滾筒很重，開始移動後便會覺得變輕許多，就是因為有這種負載特性。

「轉矩與轉速平方成正比」的負載特性，稱作**平方轉矩特性**。若某負載擁有平方轉矩特性，那麼馬達輸出會與轉速的三次方成正比。風扇、泵浦等處理流體（空氣或水）的機械，皆擁有這種性質。

專欄 1 風扇與馬達

最讓人有內部「有馬達在運轉」這種感覺的家電產品，應該就是電風扇吧。一般電風扇會使用**單相AC馬達**中的**電容式馬達**運轉（參照 ㉞）。

電容式馬達與一般插座連接之後，便可切換強中弱3種轉速運轉，而且價格相當便宜。不過即使是轉速較低的弱風，使用的電流也不會比較小，所以消耗的電力並不低。

另一方面，近年來**DC風扇**逐漸增加。名字之所以有個DC，是因為這種風扇使用了**DC馬達**（參照 Chapter 2）中的**無刷馬達**（參照 Chapter 3）。不過，一般插座供應的電流為**交流電**（參照 ㉙），無法直接轉動DC馬達。因此DC風扇需內建一套電路，將交流電轉變成直流電（**整流器**：參照 (61)）。

無刷馬達在轉速的控制上較方便，可低速運轉，所以DC風扇能夠吹出穩定而微弱的風。而且無刷馬達的效率比過去的馬達來得高，消耗的電力較少。

換氣扇內也有馬達，目前使用的仍是**單相AC馬達**。在單相AC馬達中，目前大多使用**蔽極馬達**（參照 ㉞），因為其轉速固定。

11　瞭解馬達的種類

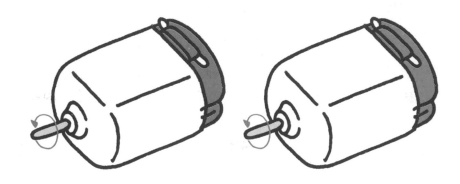

馬 達大致上可以分成**AC馬達**與**DC馬達**，如第25頁的表所示。
　　這是以轉動馬達的**電源種類**進行的分類。表中除了AC（交流
電）與DC（直流電）之外，還有使用專用電源的馬達。使用這類馬
達時，需以專用控制器（**驅動器**）控制。

　　之所以會用電源種類為馬達分類，是因為在**電力電子學**[※4]出現
以前，交流電與直流電之間的轉換相當困難。**直流電**指的是**電流
方向固定的電力**，**交流電**則是**電流方向週期性改變的電力**。以前我
們很難將一種電轉換成另一種電，現在在電力電子學的發展下，已

※4　使用半導體控制電力的技術。包括我們周圍的家電在內，如新幹線、電動車等交通工具，都會
　　　用到相關技術（**參照**專欄20）。

▼ 馬達的分類

電源種類	馬達形式	馬達名稱
DC（直流電） Chapter 2	永久磁鐵形式	永久磁鐵DC馬達
	他勵形式	他勵DC馬達
	自勵形式	串聯繞組DC馬達 並聯繞組DC馬達 雙繞組DC馬達
AC（交流電） Chapter 4,5	同步馬達	繞組型同步馬達
		表面型永磁同步馬達（SPM）
		內藏型永磁同步馬達（IPM）
		磁阻馬達
	感應馬達	鼠籠型感應馬達 繞組型感應馬達
	單相AC馬達	單相感應馬達 單相同步馬達
專用電源 （驅動器）		無刷馬達 Chapter 3
		步進馬達 Chapter 6
		SR馬達 Chapter 6

可用電池等直流電源驅動AC馬達，也可用交流電源驅動DC馬達
（ 參照 專欄1）。而且透過運用電力電子學也可自由控制馬達。

　　綜上所述，現在除非是直接接上電源，不然幾乎不太需要考慮
使用的是「AC馬達還是DC馬達」。不過，若要詳細討論馬達的性
能或性質，還是有必要將馬達的輸入電源分成AC與DC。本書會先
介紹結構較簡單的DC馬達（Chapter 2、Chapter 3），然後再介紹
AC馬達與其他馬達（Chapter 4以後）。

磁化是什麼？

　　我們在 ③ 中說明了鐵的磁化。讓我們再進一步詳細說明什麼是磁化吧。若要精確說明磁現象，需要用到量子力學，不過這裡我們要介紹的是在量子力學出現以前，說明磁現象的方式。

　　不管把磁鐵切得多小，磁鐵也不會失去其性質。如果將磁鐵一直切下去，最後應該會得到分子大小的磁鐵。這種假設稱作**分子磁鐵說**。

　　物質中有許多分子磁鐵呈現不規則排列，不過當外部磁場增強時，這些分子磁鐵的方向就會趨於相同。分子磁鐵的方向趨於一致時，便會形成磁極，這就是所謂的**磁化**。不過，當物質內所有分子磁鐵都朝著相同方向排列，那麼不管外部磁場有多強，磁極的強度都不會改變。這種狀態稱作**磁飽和**。若拿掉外部磁場，分子磁鐵會變回不規則排列，但部分分子磁鐵會保持原本趨於一致的方向，這就稱作**殘餘磁化**。永久磁鐵即為殘餘磁化程度較大的物質。

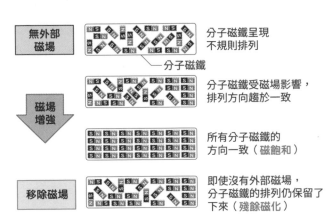

▲ 以分子磁鐵說明磁化

2 馬達的基礎！DC馬達

DC馬達就是以直流電驅動的馬達。在**Chapter 2**中，讓我們透過DC馬達的運作機制來學習馬達的基礎吧。

12 馬達的結構與 3種馬達

馬　達是一種會旋轉的機械。考慮到其作為機械的功能，可以將馬達的結構分成2個部分。那就是會旋轉的**轉子**，以及不會旋轉的**定子**。馬達之所以能靠電流與磁場旋轉，是因為它可以分成轉子與定子2個部分。

　　馬達需要的零件不僅於此。為了讓轉子順利旋轉，轉子需要透過**軸承**與定子結合才行。另外，馬達還需要固定用的**外殼**，以及用來轉動負載的**軸**。

　　轉子與定子之間，有個非常小的**空氣間隙**（一般稱為**氣隙**）。氣隙是個什麼都沒有的空間，卻也是最重要的部位。因為氣隙有磁場存在，所以馬達才能轉動。如果氣隙不均勻，使軸偏離中心，馬達

就無法順利運轉。

　　有些馬達的線圈纏繞在轉子上，有些馬達的線圈則纏繞在定子上。同樣是使用永久磁鐵的馬達，也可分成磁鐵在轉子上，以及磁鐵在定子上。

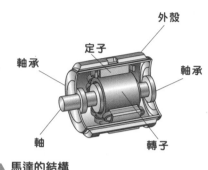

▲ 馬達的結構

　　依照氣隙的形狀，以及轉子的位置關係，我們可以將馬達的結構分成以下3種，如圖所示。

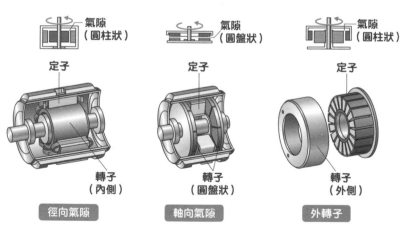

▲ 根據氣隙的形狀將馬達進行分類

在**徑向馬達**中，旋轉的是內側轉子。定子與轉子之間為氣隙。氣隙呈圓柱狀。在氣隙中，轉動馬達的磁場方向與轉軸垂直，以轉軸為中心朝**徑向**（半徑方向）射出，因此稱作徑向氣隙，是最常見的馬達結構。

軸向馬達使用圓盤狀轉子。氣隙為一個與轉軸垂直的面。磁場方向與軸的方向相同，因此稱作**軸向**馬達。這種馬達很薄，轉動硬碟的就是這種馬達。如第29頁的圖所示，軸向馬達可在一個定子的兩側配置2個轉子。

外轉子馬達的氣隙形狀與徑向馬達相同，轉子位於外側，所以旋轉的是外側。轉子可作為機械的一部分使用，例如轉子與扇葉一體化的薄型風扇。

本書會以徑向馬達為核心，說明馬達原理。

智慧型手機所使用的
極小DC馬達

我們最常使用的資訊工具，應該就是**智慧型手機**了吧。智慧型手機有震動功能，可以在有來電或通知時震動手機。這就是由馬達產生的震動。

智慧型手機內有個很小的馬達，馬達轉軸上有個只有半邊的重物（凸輪）。因為只有半邊，所以凸輪呈不平衡狀態，當馬達旋轉時，凸輪會產生遠離軸心的離心力，而這個離心力的方向也會隨之轉動，使手機跟著震動。

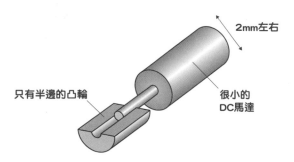

只有半邊的凸輪　　2mm左右　　很小的DC馬達

▲ 智慧型手機中的馬達

智慧型手機的電池電壓約為3V。這個直徑2mm～3mm，用於手機震動功能的極小**永久磁鐵DC馬達**，就是在這個電壓下旋轉。換句話說，我們平常就隨身帶著一個馬達在四處行走。

這樣你是不是更能實際感受到馬達離我們有多近了呢？

13 為什麼DC馬達會旋轉？

以 直流電驅動的DC馬達（ 參照 ⑪），其旋轉機制可以用⑥所介紹的馬達原理來說明。假設左右分別為永久磁鐵的N極與S極，中間有個作為導體的線圈。此時，永久磁鐵靜止不動，因此為定子；線圈會旋轉，因此為轉子。這是一般永久磁鐵DC馬達的結構。

轉子的線圈兩端，與名為**整流子**的電極相連。而整流子則與名為**電刷**的電極接觸。電刷固定於定子上，不會旋轉。整流子與電刷接觸，同時整流子會與線圈一起旋轉。

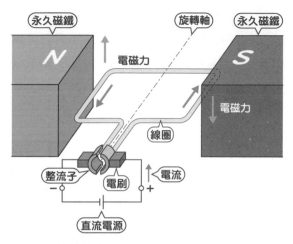

▲ DC馬達旋轉的原理

電刷會接上外部直流電源。線圈則會透過電刷、整流子接通電流。因為線圈位於磁鐵（定子）所形成的磁場內，所以當線圈內有電流通過時，便會產生電磁力。我們可以**由弗萊明左手定則判斷力的方向**。線圈右側產生的力，方向與線圈左側產生的力相反。這會讓DC馬達產生轉矩。

馬達產生的轉矩大小，與電流大小成正比。兩者間的比例常數稱作**轉矩常數**。若馬達使用永久磁鐵，則轉矩常數為馬達本身的固定數值。也就是說，只要調整電流就可以控制轉矩。

轉矩與電流的關係

$$T = K_T I$$

轉矩
[N·m]

轉矩常數
（馬達本身的固定數值）

電流
[A]

接著來說明電動勢吧。通電後，馬達會開始旋轉，作為轉子的線圈會在永久磁鐵的磁場內運動。於是，線圈會產生感應電動勢。感應電動勢的大小與轉速成正比，兩者間的比例常數稱作**電動勢常數**。同樣地，若馬達使用永久磁鐵，則電動勢常數為馬達本身的固定數值。

感應電動勢與轉速的關係

$$E = K_E\ \omega$$

感應電動勢 [V]　　電動勢常數（馬達本身的固定數值）　　角速度[※5] [rad/s]

這表示，馬達有以下2個重要性質。

- 馬達的**轉矩與電流成正比**。
- 馬達的**感應電動勢與轉速成正比**。

這種性質不僅存在於DC馬達，幾乎所有馬達都有這種特性，可說是馬達的基本性質之一。

另外，如果是不使用永久磁鐵的DC馬達，那麼定子上也會有線圈，線圈通電後會變成電磁鐵而產生磁場。只要調整定子的線圈電流，就可以改變轉矩常數與電動勢常數。

※5　在馬達領域中，角速度有時也簡稱為**轉速**（**參照**專欄4）。

ＣＤ與馬達與角速度

　　以顯微鏡放大CD或DVD的表面，可以看到細微的溝槽。影音設備就是靠著辨識這些溝槽，讀取碟片中記錄的音樂與影像。

　　不過，碟片內側與外側的圓周長並不相同。這是因為「碟片旋轉時，雖然內側與外側的角速度相同，直線速度卻不一樣」。**直線速度**就是我們一般認知中的速度概念。以**60[km/h]**行駛的汽車，1小時可前進60km的距離。也就是說，速度就是一定時間內前進的距離。

　　另一方面，**角速度**指的是旋轉中的物體在1秒內前進的角度。而且角速度會用弧度法來表示角度，360度會表示成2π**[rad]**。因此如果1秒內轉一圈，那麼角速度就是2π**[rad/s]**。

　　以時鐘為例。時鐘的指針會以一定的角速度轉動，但指針繞一圈時，指針根部與指針末端走過的圓周長度並不相同。也就是說，即使角速度相同，在指針的不同位置，直線速度也不一樣。CD與DVD也有一樣的現象，為了讓碟片內側與外側的讀取速度保持一定，必須時常調整碟片的角速度（轉速），使直線速度保持一定。

　　能做到這種控制角速度的馬達包括無刷馬達（ **參照** Chapter 3）與主軸馬達（ **參照** ㊿ ）。除此之外，影音設備內還有多種馬達，負責「移動讀寫頭」、「控制碟片進出」等等。

14 電刷與整流子的運作

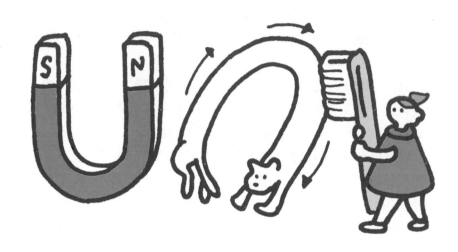

我們在⑬中提到「DC馬達通電後會產生轉矩」，但光是這樣並沒辦法讓馬達持續運轉下去。我們在說明馬達的旋轉原理時，也有提到這點（ **參照** ⑥ ）。

舉例來說，假設在第33頁的圖中，線圈轉動90度，立了起來。此時，與電源相連的電刷並沒有接觸到整流子，因此線圈沒有通電，不會產生轉矩，旋轉也會停止。因此，實際的馬達需要使用3個以上的導體（線圈）才行。此外，如果希望線圈持續以相同方向旋轉，就要讓線圈在靠近永久磁鐵的時候，一直保持相同的電流方向。**電刷**與**整流子**就是幫助馬達達成這項條件的零件。

整流子是附著於轉子上，會跟著轉子旋轉的電極。整流子被切

成了3等分，彼此絕緣。另一方面，電刷固定在定子上，是固定的電極。整流子旋轉時會持續接觸到電刷，使外部供應的電流能流入線圈。而線圈內的電流方向，取決於整流子接觸到的電刷。轉到相同位置的線圈，電流方向也會一樣，所以線圈會一直產生方向相同的轉矩。

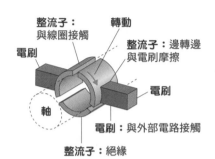

▲ 電刷與整流子之間的關係

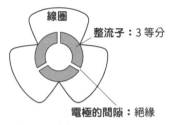

▲ 線圈的接線方式

　　整流子與線圈的接線方式如上方右圖所示。在這種接線方式下，不管轉子轉到哪個位置，3個線圈中一定有一個線圈會接通電流，故可一直產生轉矩。

　　順帶一提，電刷這個名字聽起來像是有一堆毛的裝置，但事實上電刷是由石墨或金屬製成。馬達剛被發明出來時，是使用銅線束製作這個部分，當時稱作電刷，這個名稱就這樣傳承了下來。

　　實際的DC馬達內，轉子中的線圈會纏繞好幾圈的導線。而且為了增強磁力，還會將線圈纏繞在**鐵芯**上。鐵芯的角色會在 ㉘ 中說明。在較大的DC馬達中，為了使其順暢地旋轉，會增加轉子的線圈數。有多少個線圈，就會將整流子切成多少等分。

15 DC馬達的旋轉速度與電壓的關係

這 裡讓我們整理一些與DC馬達轉動有關的數學式吧。首先要介紹的是⑬中也有提到的2個式子。

轉矩與電流的關係

轉矩[N·m]　　電流[A]

$$T = K_T\,I$$

轉矩常數（馬達本身的固定數值）

感應電動勢與轉速的關係

感應電動勢[V]　　角速度[rad/s]

$$E = K_E\,\omega$$

電動勢常數（馬達本身的固定數值）

當以角速度ω[rad/s]表示速度時，**轉矩常數K_T＝電動勢常數K_E**。那麼，由外部對馬達施加的電壓，與上述這些參數又有什麼關係呢？

以電流驅動DC馬達時，馬達旋轉會產生感應電動勢。這個感應電動勢的方向會與外部施加的電壓相反，妨礙馬達轉動。因此通過馬達的電流會是外部電壓（**端電壓**）V與感應電動勢E的差，除以線圈的電阻R，如下式所示。

端電壓[V]　　感應電動勢[V]

$$I = \frac{V - E}{R}$$

電流[A]　　　　　　線圈電阻[Ω]

由這3條式子的關係，可以描述DC馬達的運作狀態。也就是說，只要知道線圈**電阻R[Ω]**的大小、**轉矩常數K_T[N・m/A]**，就能知道**端電壓V、電流I、轉速ω**之間的關係。

讓我們用圖來說明吧。下圖為3個不同電壓下，轉矩與轉速之間的關係。

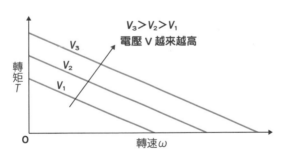

▲ 轉速與轉矩的關係

假設外部施加的電壓V_1保持固定。此時，轉矩與轉速的關係會是一條左上往右下分布的直線。也就是說，轉速越低，轉矩越大。

因為轉矩與電流成正比，所以變化方向與電流相同。若電壓從

V_1提高到V_2、V_3，這條直線就會平行往上移動。也就是說，電壓越高，DC馬達就會高速旋轉，而且轉矩也會比較大。

　　圖形與橫軸的交點是轉矩為零時的轉速。從V_1提高到V_2、V_3時，轉速會越來越高。轉矩為零，表示馬達沒有負載，只有自己在空轉。即使只有馬達自己在轉，提高電壓時也會提升轉速。另一方面，圖形與縱軸的交點是轉速為零時的轉矩，也是該電壓下能產生的最大轉矩。

　　本圖描述的不只是馬達的轉矩，也包括了負載的轉矩。當馬達轉動某個負載時，只要知道**轉速**、**電壓**、**電流**，就能由圖中看出負載的轉矩。

　　接著讓我們來看看轉速與電流之間的關係。下圖為3個不同電壓下的情況。由圖可知，只要知道電流或轉速，就可以知道另一個參數是多少。

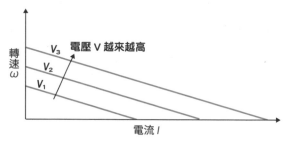

▲ 電流與轉速的關係

　　綜上所述，使用DC馬達時，只要改變電壓就能控制轉速與轉矩。因此從很久以前開始，DC馬達就被應用於各方面。

馬達的控制與家電①空調

　　前面提到DC馬達的控制相對容易，不過，容易控制有什麼好處呢？讓我們以身邊的白色家電為例說明。

　　空調是消耗電力最多的家電。一般來說，空調消耗的電力平均約為800W～1000W，而這些電力幾乎都用在馬達上。

　　空調內部有許多馬達。室內機與室外機的風扇是最顯而易見的馬達，除此之外，室外機的**壓縮機**也會用到馬達。壓縮機是將氣體壓縮後送出的機械，這裡會使用輸出大的馬達。

　　第一世代的空調中，壓縮機會使用**感應馬達**（ 參照 ㉝），以及可依照室內溫度控制馬達開關的**溫控器**，控制馬達運轉。

　　第二世代也會使用感應馬達，不過卻改用**逆變器**來控制馬達。逆變器可以控制交流電的電壓與頻率（ 參照 ㊵）。這可以讓馬達在高速運轉下，急速降低或提高房間的溫度。另外，這不是透過開關控制馬達運轉，因此可大幅降低電力消耗。

　　而現在使用的則是第三世代的空調。日本常見的**永磁同步馬達**（ 參照 ㊱）在長時間低速運轉下，效率比感應馬達高，可大幅降低一整年的耗電量。綜上所述，若能有效控制馬達，就可以節能並提高馬達性能。

16 我們可以用各種曲線表示DC馬達的性能

前 面我們用圖來表示轉矩與轉速的關係，同樣地，DC馬達的性能也能用圖來表示。下圖是由某個DC馬達的測試結果畫成的**特性曲線**。

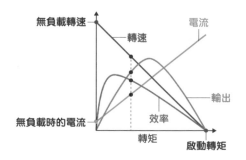

▲ DC馬達的特性曲線

測試時，必須保持端電壓固定，改變馬達的轉矩，再測定此時的電流與轉速。輸出與效率可由測定值計算出來。

以下會逐一說明如何解讀這張圖。圖的**橫軸為轉矩**。由這張圖可以看出，**轉矩增加時，各種特性會如何改變**。如虛線所示，我們可以知道在轉矩為特定大小時，「轉速」與「電流」的數值分別各是多少。

轉矩為零時的運轉，稱作**無負載運轉**，縱軸與轉速的交點為**無負載轉速**。無負載轉速為該電壓下可達到的最高轉速。另外，縱軸與電流的交點為**無負載電流**。由理論算式可以知道，電流與轉矩成正比，當轉矩為零時，電流也是零，但實際上仍會有很小的電流通過。因此，電流與縱軸的交點在零上方一些的位置。接著，使轉速為零的橫軸交點，稱作**啟動轉矩**。啟動轉矩是馬達啟動時的轉矩。

輸出與效率可以用以下的算式計算。**輸出[W]**為**轉矩×轉速**。要計算**效率[%]**時，應先用**電壓[V]×電流[A]**算出**輸入[W]**。效率為**輸出÷輸入**，以百分比表示。

我們可以由這張圖看出**使效率最大的轉矩**，以及**使輸出最大的轉矩**。另外，這張圖也可以看出當馬達實際轉動負載時，還有多少餘力。

一般來說，我們會在馬達的額定電壓下描繪特性曲線。如果改變電壓再測定，便可得知電壓改變時特性會有什麼變化。在馬達的目錄中，一定會清楚列出這類特性曲線，或者用**規格書**的形式整理描述馬達的性能。

17 使用永久磁鐵的馬達與使用電磁鐵的馬達

本章前半部分，我們說明了使用永久磁鐵的DC馬達。從本節開始，則會說明⑬最後曾經稍微提過，不使用永久磁鐵的DC馬達。

這裡我們會依功能為馬達的各個部位分類，並介紹這些部位的名稱。可像永久磁鐵一樣產生磁場的部分，稱作**磁場系統**。可像線圈一樣使電能與動能互相轉換的部分，稱作**電樞**。這些與轉子、定子無關，是依照其在馬達內的角色決定的名稱。這些名稱不只適用於DC馬達，而是適用於所有馬達。

DC馬達的轉子為電樞，定子為磁場系統。而DC馬達還能以磁場系統的形式分類。前面說明的磁場系統是使用永久磁鐵的DC

馬達，稱作**永久磁鐵形式**。另一方面，使用線圈作為磁場系統的馬達，則可再分成多種類別。

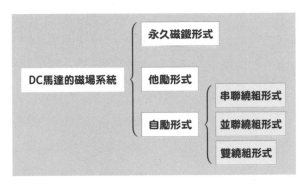

▲ DC馬達的磁場系統形式

　　若磁場系統線圈的電流是由其他電源供應，稱作**他勵形式**；若磁場系統與電樞使用相同電源，則稱作**自勵形式**。

　　他勵形式的馬達，只要調整磁場系統的電源就能改變磁場。因此，我們可以在透過電樞電源調整轉矩的同時，調整磁場系統的電源，使轉速保持固定。

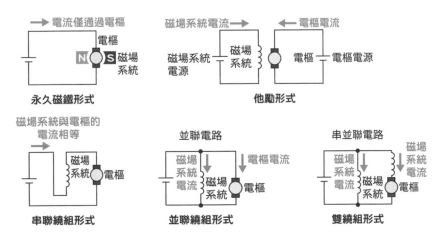

▲ 各種DC馬達

自勵形式的馬達可再分成**串聯繞組形式**、**並聯繞組形式**、**雙繞組形式**等3類。當中的串聯繞組形式，磁場系統線圈與電樞線圈為**串聯連接**。磁場系統電流與電樞電流為相同的電流，因此有轉矩與轉速成反比此一特性。也就是說，如果端電壓固定，無論轉矩或轉速為何，馬達的輸出都是固定的。這種性質稱作**串聯繞組特性**。串聯繞組特性常見於車輛等有定輸出特性的負載。

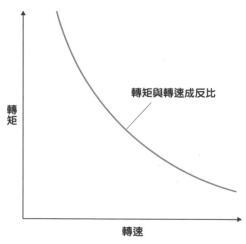

轉矩與轉速成反比

轉矩

轉速

▲ 串聯繞組特性

　　並聯繞組形式的磁場系統線圈與電樞線圈為**並聯連接**，和永久磁鐵形式的馬達類似。永久磁鐵的材料相對較高價，使用大量永久磁鐵的馬達昂貴而不切實際。因此，大型DC馬達不會使用永久磁鐵，而是採用這種並聯繞組形式。

　　雙繞組形式有2個磁場系統線圈，與電樞線圈為**串並聯連接**，因此其特性介於串聯繞組形式與並聯繞組形式之間。

馬達的控制與家電②冰箱

　　說到每個人家中都有的白色家電，第一個想到的應該就是冰箱吧。冰箱消耗的電力比空調還要小，但365天24小時皆持續運作著，是運作時間最長的家電。

　　以前冰箱冷藏庫的溫度控制與第一世代的空調相同，使用感應馬達與溫控器來調控溫度。後來則與之後的空調一樣改用逆變器控制，使冰箱能**依照溫度控制馬達轉速**。如果溫度過低，就會降低轉速以減少電力消耗。另外，即使開關冰箱使溫度上升，只要提高轉速就能馬上降低溫度。冰箱還能在夜間時段降低轉速，以降低運轉時的音量。

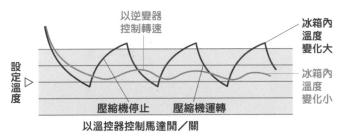

▲ 比較以溫控器控制馬達與以逆變器控制馬達

　　現在的冰箱使用的也是永磁同步馬達。與空調一樣，可以長時間低速運轉，效率較高，大幅降低了每年的耗電量。

馬達的基礎！DC馬達

2

18 控制DC馬達比較簡單嗎？

控制是馬達在實際應用時的重要要素之一。DC馬達可以透過調整端電壓，改變其轉矩或轉速（**參照** ⑮）。那麼，實際上是如何改變馬達的端電壓呢？以下會介紹幾個經典例子。

　　同時使用多個DC馬達的**電車**，時常會切換馬達的連接方式。如第49頁的圖所示，若2個DC馬達的連接方式能在串聯與並聯間切換，那麼在並聯連接時，馬達的端電壓就是電源電壓；在串聯連接時，馬達個別的端電壓則是電源電壓的一半。如此一來，就能讓端電壓在2個數值間切換，調整轉速與轉矩。

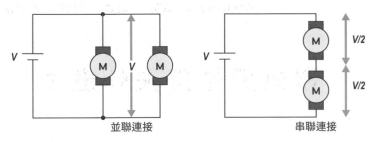

並聯連接 串聯連接

▲ 切換串聯與並聯的控制方式

看完關於電車的說明，你可能會覺得「為什麼要那麼麻煩呢？只要改變電源電壓，不就能直接改變端電壓了嗎？」但是，要改變直流電的電壓並沒有那麼容易，所以我們才會尋求其他方式來改變電壓。其中一種方法是將DC馬達與電

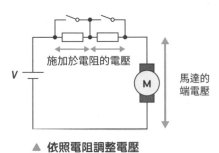

▲ 依照電阻調整電壓

阻串聯，也就是**用開關繞過電阻**的方法。施加在電阻上的電壓有多少，馬達的端電壓就會降低多少。

但是，如果加入電阻以降低馬達的端電壓，原本應進入馬達的電力就會流入電阻，使電阻發熱。好不容易降低馬達的電壓，也降低了轉矩與轉速，電阻卻消耗掉了省下來的電力，結果最後並沒有省到任何電。

另外，還可以用直流發電機控制大型DC馬達。也就是**調整發電機，使直流電電壓隨之變化**。除了馬達以外，還需要有發電機才行，實在相當費工夫，這卻是工廠等場所常用的方式。這種方式也依照發明者的名字，稱作**Leonard形式**。除此之外，還有運用電力電子學控制馬達的方法，詳情會於⑳中說明。

19 電樞反作用是什麼？

電**樞反作用**是大型DC馬達常發生的問題。在DC馬達中，磁場系統的磁場與通電的電樞線圈會產生作用力。不過，除了由永久磁鐵或線圈構成的磁場系統所產生的磁場之外，馬達內還存在著其他磁場。那就是電樞線圈通電後產生的磁場。

　　如第51頁的圖(a)所示，電樞線圈未通電時，磁場系統的磁力線是由N極指向S極。而在圖(b)中顯示的是磁場系統線圈未通電，只有電樞線圈通電時的磁場。

　　DC馬達運轉時的磁場，是由這2個磁場合成得到的結果，如圖(c)所示。也就是說，不同位置的磁通量密度也不一樣，有的地方磁通量密度比較高（**增磁**），有的地方比較低（**減磁**）。磁通量的總

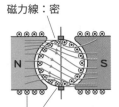

磁場系統：電流通過
電刷
磁場系統：無電流通過

N   S

N   S

電樞：無電流通過

電樞：電流通過

（a）磁場系統的磁場

（b）電樞電流產生的磁場

2

馬
達
的
基
礎
！
D
C
馬
達

磁力線：密

N   S

電樞、磁場系統皆通電時的磁場

（c）電樞與磁場系統的合成磁場

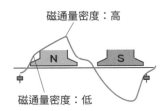

磁通量密度：高

N   S

磁通量密度：低

▲ 電樞反作用

數不會改變，但分布情況會被扭曲。而且，增磁部分的磁通量密度過高時，便會發生**磁飽和**，使磁通量降低。這種因為電樞電流的磁場導致磁場分布扭曲的現象，稱作**電樞反作用**。在電樞反作用的影響下，磁場與電流的關係會出現變化。

　　若為了提高DC馬達的轉矩而提升電樞電流，電樞反作用就會變得更劇烈，使得電流與轉矩不再成正比。此外，電樞反作用也會讓電刷與整流子之間產生火花。為了防止這種情況發生，大型DC馬達會設置另一個名為**間極**的磁極，或者另外設置一個**補償繞組**。

20 截波器控制是什麼？

電力電子學是用電晶體（**參照** 專欄8）等**半導體**控制電力的技術
（**參照** ⑪）。在電力電子學的發展下，出現了DC馬達的**截**
波器控制技術。

　　所謂的截波器，指的是能夠**截切**電流的元件。之所以叫做截波
器，是因為它能透過開關「切斷電流以控制電壓」。在截波器出現
以後，我們便能任意改變直流電壓，且不會消耗多餘電力，可以說
是相當理想的電壓調整方式。截波器如第53頁的圖所示，可透過
開關電壓產生斷斷續續的電壓。

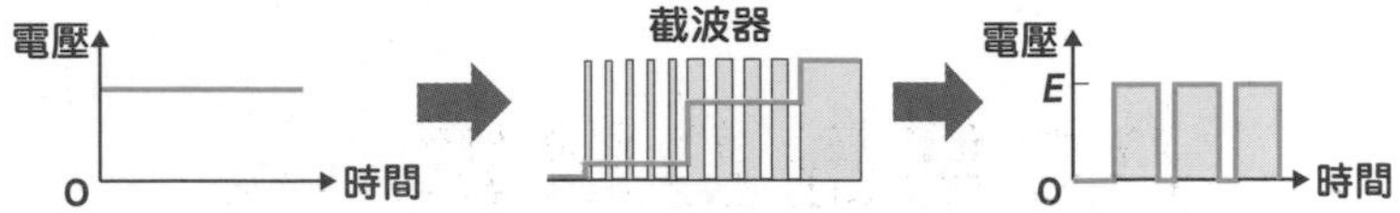

▲ 截波器的功能

截切後的電壓如下圖所示，在平均電壓上下的面積相等。也就是說，只要改變截波器截切電壓的開關頻率，就能讓電壓出現連續性變化。

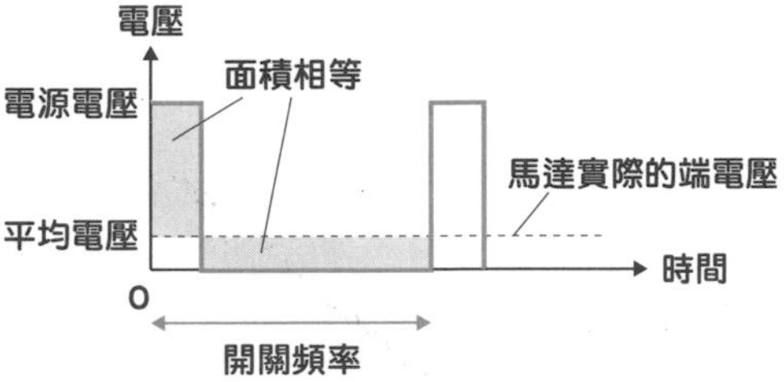

▲ 截波器的電壓控制

截波器大幅提升了DC馬達的控制性。例如在並聯繞組形式當中，控制磁場系統電路的**磁場系統截波器**、控制電樞電路的**電樞截波器**等等，我們可用多種方式控制DC馬達。

截波器並不大，且可持續控制馬達，所以使用DC馬達與截波器的**馬達驅動系統**（參照 ㊶）被廣為使用。若切換正負電流，便可讓DC馬達反過來轉動。我們可以用截波器輕鬆做到這點。在使用截波器控制馬達後，進入了電車與電動車皆用DC馬達控制行駛的時代。我們會在(59)中詳細說明截波器是什麼。

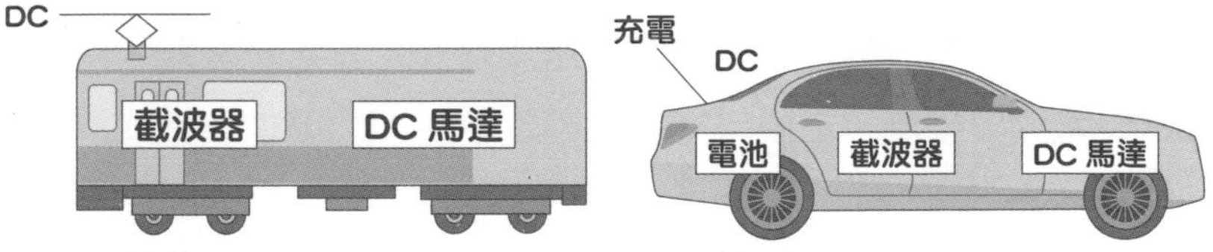

▲ 使用截波器控制的馬達驅動系統

21 DC馬達的缺點在電刷上嗎？

Ｃ馬達的控制相對簡單、易於操作，但DC馬達卻有個很大的缺點。那就是DC馬達運轉時，必須用到電刷與整流子。

電刷固定在定子上，整流子則固定在轉子上。馬達轉動時，兩者會彼此接觸**滑動**。因為彼此滑動，所以會有摩擦。電流需通過兩者的接觸面，所以接觸面上不能使用潤滑油。油為絕緣體，所以不能塗在電刷與整流子之間。電刷與整流子之間的摩擦會造成滑動面的**磨耗**。

除了摩擦之外，在有電流通過時滑動還有一個很大的缺點。電刷與整流子通電時的樣子如第55頁的圖所示。

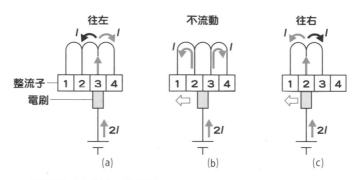

往左　　　　　不流動　　　　　往右

整流子　1 2 3 4　　1 2 3 4　　1 2 3 4
電刷

2*l*　　　　　2*l*　　　　　2*l*

(a)　　　　　　(b)　　　　　　(c)

▲ **通過電刷與整流子的電流**

　　在這張圖中，整流子旋轉時，與電刷接觸的整流子會從**3**變為**2**。不論是(a)(b)(c)哪種狀態，通過電刷的電流都相同，為由下往上的2*l*[A]。

　　1個線圈與2個整流子相連，1個整流子與相鄰的2個線圈相連。這裡讓我們把焦點放在**整流子3**與**整流子2**。

　　在(a)的情況下，電刷的電流通過**整流子3**，使3→2與3→4分別有*l*[A]的電流通過。通過3→2線圈的電流往左。在(b)的情況下，電流經電刷後，通過**整流子2**與**整流子3**，故3→2的線圈沒有電流通過。到了(c)的情況，電流經電刷後，通過**整流子2**。此時，3→2線圈的電流往右。也就是說，馬達旋轉時，**電刷的電流一直維持相同方向、相同大小；線圈的電流方向則會不斷切換**。

　　如果電流方向急遽改變，線圈電路就會發生許多問題。其中一個問題是會產生**火花**。在電流改變方向（**換向電流**）的瞬間，電刷與整流子之間會產生火花。火花會讓電刷與整流子的接觸面磨耗得更為嚴重。因為會產生火花，所以也必須注意馬達對周圍氣體造成的影響。

　　原則上來說，在DC馬達中，電刷與整流子的接觸面產生磨耗是無可避免的事。因此，我們會用堅固的材料來製造被轉動的整流子，用柔軟的材料來製造電刷，使耗損盡量發生在電刷上。電刷在定子上，更換比較簡單。大型馬達會定期檢查電刷的情況。

綜上所述，因為電刷有這樣的缺點，所以大型馬達或需要長期使用的馬達，比較不會採用DC馬達。

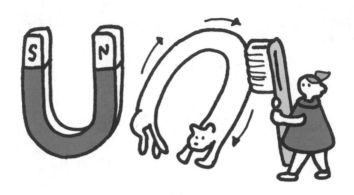

3

克服缺點！
無刷馬達

為了克服DC馬達電刷的缺點，專家們研發出了用電子元件取代電刷功能的無刷馬達，應用於**專欄1**中介紹的DC風扇、小型無人機等。
Chapter 3會說明無刷馬達的運作機制、性能、優點等。

22 運用電子學知識 改變電刷

在開始說明無刷馬達之前，讓我們先來複習一下電刷的功能吧（參照⑭）。正電側與負電側各有一個電刷，共2個。這2個電刷的功能如第59頁的圖所示。

正電側的電刷連接了線圈與電源正極；負電側的電刷則連接了線圈與電源負極。整流子旋轉時，電刷會不斷切換與之接觸的整流子，使得與整流子相連的線圈中，電流方向也跟著切換。這就是電刷的功能。

也就是說，如果像第59頁右圖那樣，將**線圈**（**電樞**）**接上2組開關，交替切換開關**的話，就能讓**線圈其中一端所連接的電極在正極與負極間來回切換**。

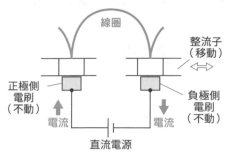

▲ 電刷與整流子的運作機制

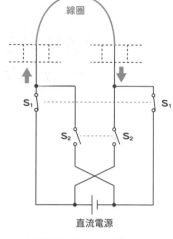

▲ 以開關切換電流流向

　　右圖的S₁與S₂這2對開關彼此連動。當S₁改為OFF、S₂改為ON時，線圈電流方向會反過來。以這種方式切換開關，就能在沒有電刷的情況下切換線圈電流方向。

　　要將這種機制應用在馬達上，還需要一些巧思。首先，DC馬達的線圈為**轉子**（ 參照 ⑫ ），電刷負責讓電流通過轉子。而在無刷馬達中，必須將線圈配置於定子上，**再把線圈接上開關**。作為磁場系統的**永久磁鐵則配置於轉子上**。

　　電刷與整流子還具有另一個功能。當磁場系統的磁極改變位置時，線圈的電流方向須自動切換。當磁極狀態從N極靠近轉變成S極靠近時，電流須切換成相反方向。如果不曉得磁極位置的話，就不知道線圈的電流應該往哪個方向流動，自然也不曉得該如何切換開關以改變電流流向。

　　為了在適當時機切換開關，必須裝設一個**磁極感應器**，以瞭解現在是N極在靠近，還是S極在靠近。若能滿足以上所有條件，就能實現不需要電刷的無刷馬達了。

23 為什麼無刷馬達會旋轉？

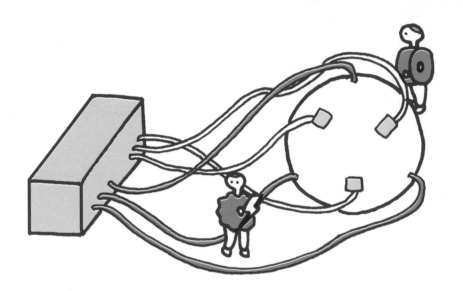

無 刷馬達的**線圈為定子**，**磁鐵為轉子**，與Chapter 2中介紹的一般DC馬達相反。位於定子上的線圈與開關裝置及電源相連。馬達內部有磁極感應器，可依照磁極旋轉時的位置，切換線圈的電流方向。開關則由電晶體等半導體製成。

　　無刷馬達包含了**磁極感應器**與**電流切換裝置**，可將它們視為同一套系統。將直流電壓輸入這個系統時，可轉動馬達。電流切換裝置可依照每個時間點的旋轉狀態，切換線圈電流方向。轉速越高，切換頻率就越高。

　　每種馬達的電流切換裝置，設計得都不一樣。換句話說，電流切換裝置是各個馬達專用的裝置。電流切換裝置與馬達之間的配線

越長，越容易產生各種問題。因此，電流切換裝置一般會設置在與馬達非常靠近的地方。經常可看到電流切換裝置設置於馬達外殼內部，組成一體化的無刷馬達。

下圖為電流切換裝置與馬達本體一體化後的無刷馬達剖面圖。磁極感應器位於永久磁鐵轉子的一端，用於檢測磁極位置。

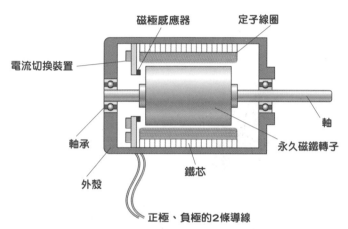

▲ 無刷馬達的內部結構（一體化形式）

我們可使用磁極感應器，以磁力檢測出N極或S極。有些馬達則會在轉子上加裝有特殊蝕刻的圓板，再由光是否被圓板遮蔽來判斷馬達的旋轉位置。這種透過感應器驅動的電流切換裝置，稱作**驅動器**。

從外部供應直流電壓給已與驅動器一體化的馬達，便可驅動馬達旋轉。換句話說，與使用電刷的DC馬達一樣。

24 無刷馬達的旋轉速度有上限嗎？

無刷馬達也叫做**無刷DC馬達**。⑪介紹的馬達分類中之所以沒有提到無刷DC馬達，是因為無刷DC馬達的使用方式與永磁DC馬達完全相同。

　　從無刷馬達的驅動器輸入的直流電壓，相當於從永磁DC馬達的端子輸入的直流電壓。這表示，我們可以用永磁DC馬達的特性式（**參照** ⑮），表現出無刷馬達的電壓與電流特性。也就是**轉矩與電流成正比**這個基本特性，以及**改變電壓可控制轉速**這個永磁DC馬達的方便性。無刷馬達也具有這些特性。

　　不過，若問「是否所有特性都與永磁DC馬達相同？」卻也並非如此。兩者有一個地方不同。那就是，**電流切換裝置的電流有上**

限。所以無刷馬達有電流上限，轉矩自然也有上限。下圖顯示出了無刷馬達的特性。

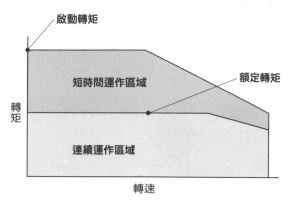

▲ **無刷馬達的特性**

　　圖中的轉矩上限為一個固定數值，這也表示電流的上限。圖中還分成了短時間運作區域與連續運作區域。這是因為電流切換裝置的電流會讓溫度上升，為了避免長時間運作導致溫度過高。

　　電流切換裝置會用到電晶體等半導體作為開關。流經半導體的電流有其上限。如果有很大的電流持續通過半導體，半導體的溫度就會大幅上升。半導體有所謂的**上限溫度**，若有一瞬間超過這個溫度，半導體就會壞掉。

　　當然，如果電流切換裝置的電流上限越高，特性曲線就越接近⑯中的永磁DC馬達。不過，考慮到馬達的現實大小與成本，一般會使用適當的驅動器控制電流，使馬達在適當的轉矩下運作。

25 無刷馬達的電流切換

本 節讓我們再進一步說明無刷馬達的電流切換。上方插圖為無刷馬達的結構示意圖，一個馬達有A～C共3個線圈。

磁極感應器共有3個，H_A～H_C分別對應到各個線圈。若在磁極感應器裝上霍爾元件，就能透過霍爾元件發出的訊號切換各個線圈的電流。當電流通過**霍爾元件**時，電流的大小與方向會隨著磁極的極性與磁場大小而產生變化。所以我們可以透過霍爾元件的電流變化訊號，得知磁極位置。

讓我們透過**時間圖**來看看切換電流的時機吧。時間圖可用於表示「各元件在不同時間點的狀態」，橫軸為時間，縱軸為元件的運作情況。

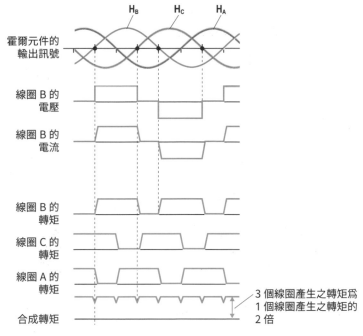

| | H_B | H_C | H_A |

霍爾元件的
輸出訊號

線圈 B 的
電壓

線圈 B 的
電流

線圈 B 的
轉矩

線圈 C 的
轉矩

線圈 A 的
轉矩

合成轉矩

3 個線圈產生之轉矩為
1 個線圈產生之轉矩的
2 倍

▲ 時間圖

3

克
服
缺
點
！
無
刷
馬
達

　　霍爾元件發出的訊號會隨著轉子磁鐵的旋轉位置，呈現**正弦波**
狀變化。正弦波為示意圖中「霍爾元件的輸出訊號」$H_A \cdot H_B \cdot H_C$
等形狀規律的波。

　　這裡讓我們把焦點放在**線圈B**上。**霍爾元件**H_B的輸出由負向
轉為正向時（**零交叉**，圖中以•標示的地方），會開始對**線圈B**施加正電
壓。此時電流會緩慢上升。電壓突然上升時，線圈中的電流並不會
馬上增加，而是會緩慢增加。這種性質稱作**暫態現象**。

　　而當**霍爾元件**H_C的輸出由負向轉為正向，即零交叉時，**線圈B**
的正電壓會歸零。在此之後，當**霍爾元件**H_B的輸出由正向轉為負
向，即零交叉時，**線圈B**會被施加負電壓。同樣地，這個電壓會在
霍爾元件H_C發生零交叉時歸零。

　　如上所述，電流交替流入各個線圈，使各個線圈產生轉矩。轉
矩與電流成正比，因此轉矩也會像電流一樣緩慢上升。軸的轉矩為

各線圈轉矩的合成結果，幾乎保持固定。而在切換電壓時，轉矩會
稍微降低，這個現象叫做**轉矩漣波**。

　　DC馬達也用在發電機上。……這樣的描述在根本上有一些問題。**一開始發明出來的其實是直流（DC）發電機，之後才發明出馬達**，這樣說明才正確。

　　19世紀末起，人們便開始將電力用於照明。一開始的發電機為**直流發電機**，商用發電機也是直流發電機。當時使用的電燈為**弧光燈**。弧光燈是在電極之間施加電壓，再運用放電時產生的光來照明，與**HID燈泡**的原理相同。因為弧光燈本身的特性，需要**以固定電流驅動**（必須保持電流固定）。所以街道上的弧光燈為串聯連接，而直流發電機也改良成可持續供應固定電流的形式。

　　在這之後，**白熾燈**誕生。白熾燈需要固定的電壓。因此街道上的白熾燈為並聯連接，發電機必須供應固定電壓。而供應白熾燈電力的發電機，則是採用**並聯繞組形式**的直流發電機。這種發電機的性質與並聯繞組馬達相同，即使電流改變，仍可讓電壓保持在一定範圍內。這種並聯繞組形式的直流發電機為愛迪生提出的構想，故稱作**愛迪生發電機**。

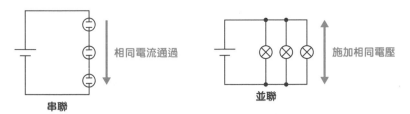

相同電流通過

施加相同電壓

串聯　　　　　　　　　　並聯

▲ 串聯連接與並聯連接

3

克服缺點！無刷馬達

26 無刷馬達的優點

無刷馬達有個很大的特徵，那就是「沒有電刷的磨耗」，此外還有很多優點。首先是它的形狀。有電刷的DC馬達中，電刷與整流子必須配置在馬達的軸上。因此即使把馬達做成扁平狀，整流子也必須做成長條狀，朝著軸的方向延伸。不過無刷馬達並不需要整流子，只要有馬達必須的磁場系統，以及確保電樞必要的厚度，就可以建構出一個無刷馬達。

此外，由於轉子是磁鐵，因此可以輕易實現薄型**軸向氣隙結構**（ 參照 ⑫ ）。只要將圓板型的磁鐵作為轉子即可，如此便能讓馬達變得更薄。

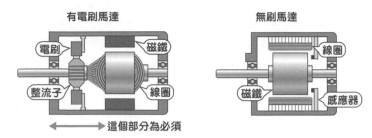

▲ 有電刷馬達與無刷馬達的軸向長度差異

需要驅動器為無刷馬達的缺點，但是只要驅動器**與馬達一體化**（ 參照 ㉓ ），就不需要另外配線了。因此，許多無刷馬達的驅動器與馬達本體為一體化設計。

另外，還有人提出了「既然需要電流切換裝置，何不將線圈直接放在電流切換裝置的印刷電路板上，讓馬達變得更薄呢？」的概念。使用碟狀驅動器的無刷馬達為軸向氣隙結構，線圈鑲在印刷電路板上，圓盤狀的轉子則配置於線圈上。這種結構的馬達也叫做**印刷馬達**。

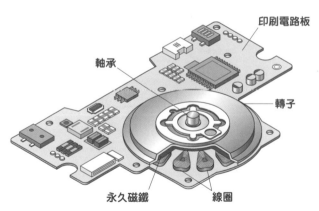

印刷電路板

軸承

轉子

永久磁鐵　　線圈

▲ 裝在印刷電路板上的無刷馬達

無刷馬達在性能面上也有其優點。永久磁鐵DC馬達的轉矩改變時，轉速也會跟著改變。而無刷馬達的轉矩改變時，轉速也能保持一定。我們可以透過磁極感應器的訊號知道馬達轉速，所以可藉此控制轉速。

　　除此之外，當馬達出現異常時，電流切換裝置可感知到異常並發出警告。當然，電流切換裝置需裝有**單晶片**[6]才有這種功能。總之，無刷馬達運作時可視為一個馬達驅動系統，因此可做到各式各樣的事。

※6　Microcomputer。為控制電路的半導體晶片。

27 轉子使用的永久磁鐵 會大幅影響馬達的性能

若永久磁鐵在定子上，那麼當我們想提升馬達性能時，加大磁鐵是最簡單的方法。但無刷馬達的**永久磁鐵是在轉子上**。加大永久磁鐵的話，轉子也會變得更大。所以無刷馬達的性能與大小很容易受到磁鐵的影響。

　　馬達使用的永久磁鐵大致上可分為**鐵氧體磁鐵**與**釹磁鐵**2種。鐵氧體磁鐵是以氧化鐵（鐵鏽）化合物為主要原料，加熱固化而成的磁鐵。這種「加熱固體粉末，使其在低於熔點的溫度固化」的過程，稱作**燒結**。

　　釹磁鐵是以釹化合物為主要原料，加熱固化而成的燒結磁鐵。除了釹以外還含有**稀土元素**，因此也稱作**稀土磁鐵**。

燒結後的磁鐵為固態，但質脆易碎，無法切割或在上面開洞，只能先在鑄模內塑形後燒結，最後稍微修飾外表後完成。所以，形狀單純的磁鐵製造起來比較容易，燒結磁鐵一般會製作成平板、圓弧狀。

　　如果需要形狀複雜的磁鐵，便會用到**膠合磁鐵**。膠合磁鐵是利用樹脂或是橡膠等，將燒結磁鐵的粉末黏合成形的磁鐵，也稱作**塑膠磁鐵**。某些種類的膠合磁鐵可以用射出成型方式製造。膠合磁鐵可自由製成想要的形狀，但磁鐵成分並非百分之百，所以性能也比較差。

　　如下圖所示，我們可以用**殘留磁通量密度**與**保磁力**來表示磁鐵性能。殘留磁通量密度表示該磁鐵內部的磁化強度，保磁力表示抵抗外部逆向磁場的強度。特性曲線各點的**磁通量密度B**與**磁場H**的乘積並不固定，而是存在最大值。這個最大值稱作**BHmax**，或是**最大磁能積**。BHmax常被視為磁鐵的性能指數。

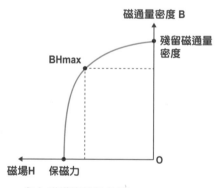

▲ 永久磁鐵的特性曲線

下圖與下表為馬達所使用的3種永久磁鐵的比較結果。

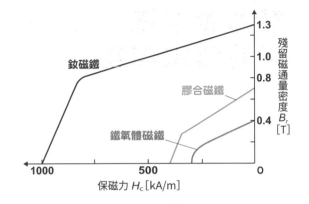

磁鐵種類	殘留磁通量密度	保磁力	BHmax
釹磁鐵	1.3 T	1000 kA/m	300 kJ/m³
膠合磁鐵 （釹）	0.7 T	400 kA/m	100 kJ/m³
鐵氧體磁鐵	0.4 T	300 kA/m	30 kJ/m³

▲ 各種永久磁鐵

　　由圖表中可以看出，釹磁鐵的殘留磁通量密度與保磁力皆明顯大於另外兩者。釹磁鐵是20世紀末發明的新型磁鐵，大幅影響了馬達的性能。

　　在釹磁鐵登場後，不只是使用永久磁鐵作為轉子的無刷馬達，就連**Chapter 4**以後提到的AC馬達也受到了很大的影響。我們會在 ㉟ 中，進一步說明釹磁鐵對馬達造成的影響。

28 鐵芯並不是單純的線圈軸

我們在 ⑭ 中曾提過，為了增強磁力，馬達的線圈會纏繞在鐵芯上。也就是說，馬達內的鐵芯為線圈的軸。不過鐵芯的角色不僅如此。

　　每種物質讓磁力通過的容易程度並不相同。磁力通過某物質的容易程度稱作**磁導率**，磁導率越高的物質，磁力就越容易通過[※7]。鐵的磁導率大約為空氣的1000倍，屬於相當容易讓磁力通過的一種物質。

※7　相對地，物質阻礙磁力通過的能力稱作**磁阻**。

74

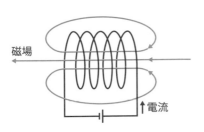

▲ 空氣中的線圈

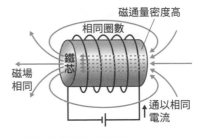

▲ 纏繞在鐵芯上的線圈

　　線圈通以電流之後，周圍會產生磁場。磁場強度**與電流及線圈的圈數成正比**。不過，即使磁場強度相同，磁通量卻會因為物質的不同而有所差異。磁導率高的物質，磁通量也比較大。**磁通量密度**可計算如下。

磁通量密度　磁通量密度（單位面積的磁通量） — $B = \mu H$ — 磁場強度

（磁導率、磁場強度標示於上方）

　　由此可以看出，線圈纏繞在鐵芯上時，磁通量密度比空氣中的線圈（**空心線圈**）還要高。同時，離開鐵芯進入空氣中的磁通量也會增加。空氣中的磁通量密度增加，且磁力線可擴散至遠處。這表示在有鐵芯的情況下，線圈的磁力會變得更強。

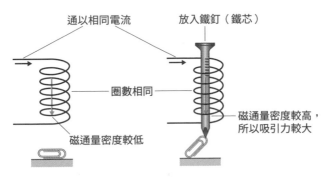

▲ 空心與鐵芯的比較

之所以將馬達的線圈纏繞在鐵芯上，是為了提高磁通量密度。不論線圈是作為定子還是轉子，都會纏繞在鐵芯上。通常鐵芯上會設計**溝槽**，將線圈配置於溝槽內。下圖為一般馬達的鐵芯與線圈的示意圖。DC馬達自不用說，**Chapter 4**會提到的AC馬達也會使用鐵芯。

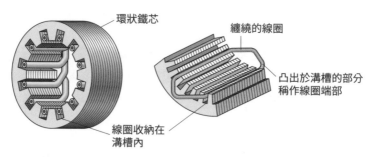

環狀鐵芯

纏繞的線圈

凸出於溝槽的部分
稱作線圈端部

線圈收納在
溝槽內

▲ 一般馬達的鐵芯與線圈

幾乎所有馬達都會使用鐵芯，不過超小型馬達不會使用鐵芯，而是用樹脂固定線圈。這種馬達稱作**空心杯馬達**。

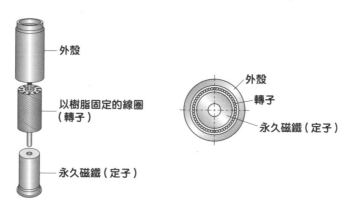

外殼

以樹脂固定的線圈
（轉子）

永久磁鐵（定子）

外殼

轉子

永久磁鐵（定子）

▲ **空心杯馬達的結構**（以永久磁鐵DC馬達為例）

使用電晶體作為開關

　　無刷馬達會使用半導體作為開關切換電流。用於開關的半導體主要為**電晶體**。電晶體是用於開關、放大訊號的半導體。

　　接下來則要說明電晶體作為開關使用時的運作原理。如下圖所示，電晶體有3個端子。**B**為**基極**、**C**為**集極**、**E**為**射極**。集極與電源的正極相連，射極與電源的負極相連。基極稱作**控制端子**，我們會從這裡輸入開關訊號。若輸入ON訊號，電晶體就會進入ON狀態，電流會從集極流往射極。若不再對基極輸入訊號，則相當於輸入OFF訊號。此時，電晶體會進入OFF狀態，使集極與射極之間沒有電流通過。

　　要使電晶體轉為ON狀態，只要讓很小的電流通過基極即可。需要的電晶體大小，取決於ON狀態下的電流大小（**集極電流**），與OFF狀態下的電壓大小（**集極與射極間的電壓**）。這是「無刷馬達的電流有上限（**參照** ㉔）」的理由之一。

　　因為有用到電晶體，所以過去也將無刷馬達稱作**電晶體馬達**。除此之外，有些公司會因為無刷馬達有用到霍爾元件，稱其為**霍爾馬達**。

▲ **電晶體的ON與OF狀態**（NPN電晶體）

3

克服缺點！無刷馬達

無人機顧名思義為無人操控的飛行器。精確來說，無人機指的是無人操控、自動操控，或是能夠遠端操控的飛行器。

近十年來，無人機越來越常見，但應該很少人會認真觀察各種無人機的外觀差異。在小型無人機中，最常見的是有多個旋翼的**多軸飛行器**。

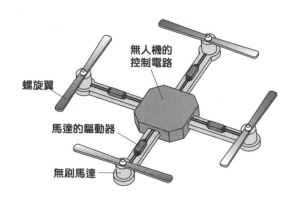

無人機的
控制電路

螺旋翼

馬達的驅動器

無刷馬達

多軸飛行器經常使用無刷馬達，而且是輸出為數kW以上，轉速4000轉以上的高轉速馬達。

玩具無人機等較便宜的無人機也可能會使用DC馬達，但因為有電刷的磨耗，壽命較短。無人機之所以選用無刷馬達，就是希望能解決電刷磨耗的問題。

Chapter

4

目前的主流！
AC馬達

本章會說明目前的主流──AC馬達。提到馬達的時候，經常會聽到「三相交流」之類的詞，聽起來好像有點難，本章會盡可能簡單說明這些名詞，希望各位能耐心閱讀理解。

29 直流、交流、三相交流分別是什麼？

電力可分成**直流電**（DC）與**交流電**（AC）。直流電的電流會朝著固定方向流動，交流電的電流方向（正向與負向）則會週期性改變。交流電的電流方向在一秒內改變的次數，稱作**頻率**，以**[Hz]**（赫茲）為單位。第81頁的圖為50Hz交流電的示意圖，電流方向在一秒內可切換正負向50次。

　　以我們身邊的事物為例，乾電池為直流電，插座為交流電。我們平常使用的家電，可以分成需要電池的家電，以及需要插插頭的家電，這些家電分別透過直流電或透過交流電驅動。

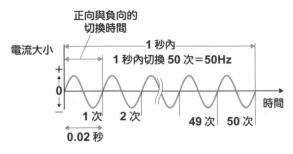

▲ 單相交流電（50Hz）

馬達也可分成直流與交流。以直流電驅動的馬達就如先前說明的DC馬達，以交流電驅動的馬達則如接著要說明的AC馬達。

AC馬達使用交流電中的**三相交流電**驅動。一般家中的插座有2個插孔，因為它是使用2條電線來供應電流，屬於單相交流電。另一方面，三相交流電指的是用3條電線供應電流的方式。一般家庭不會看到這種交流電，卻是工廠中常見的供電方式。

若將馬達直接接上單相交流電，因為正負極會快速切換，所以線圈內的電流方向也會迅速切換。考慮到我們介紹DC馬達時曾提過的馬達原理，如果電流方向快速切換，產生的力的方向也會快速切換，使馬達無法持續旋轉。但如果使用三相交流電的話，馬達就能順利旋轉了。

三相交流電是3組單相交流電合成後的交流電。不過，線路數目並非2條×3組的6條，而是只用3條電線供應電力，為三相交流的一大特徵。三相交流有個重要性質，那就是**3條電線中，必有1條電線的電流為逆向**，這樣才能讓馬達轉動。

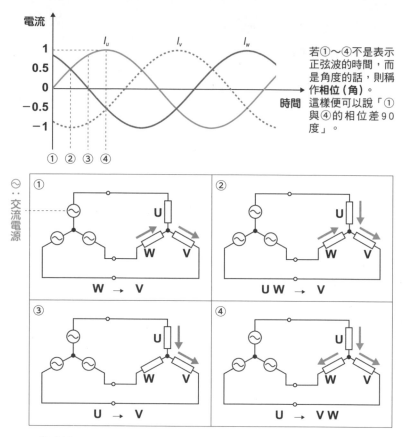

▲ 三相交流

　　圖中的 I_u、I_v、I_w 分別表示3條電線的電流。時間為①時，電流從W流向V，不會流向U。時間為②時，電流會從U與W流向V。時間為③時，電流只會從U流向V。所以說，在三相交流中，流入與流出電流的路徑會持續切換，在任何時間點，至少有一條電線中有電流通過。

　　在任何時間點，至少有一條電線中有電流通過，是三相交流的一大特徵。在單相交流中，電流會在正負間擺盪，所以必定會出現電流為零的瞬間。如果改用三相交流，那麼不論何時都會有電流通過，使馬達能夠持續轉動。

吸塵器馬達的超高速旋轉

　　我們周圍的家電中，馬達轉速最高的家電大概就是吸塵器了。馬達會大幅影響吸塵器的性能。

　　集塵袋式的吸塵器經常會使用100V的單相交流高速**通用馬達**（ **參照** ㊻ ）。這種馬達可讓渦輪扇以每分鐘10000轉的速度旋轉。一般AC馬達的最高轉速受限於頻率[※8]，所以必須使用增速機。如果不想使用增速機的話，就得使用通用馬達。

　　漩渦式吸塵器則會使用**永磁同步馬達**（ **參照** ㊱ ）或是**SR馬達**（ **參照** ㊺ ）。漩渦式吸塵器是靠離心力分離垃圾，而離心力與轉速成正比，因此必須使用轉速比集塵袋式吸塵器更高的馬達。永磁同步馬達與SR馬達可在**逆變器**（ **參照** ㊵ ）的作用下以超高速運轉，還有體積小、效率高等優點。而且，驅動這種馬達的逆變器可以使用直流電。這也方便電器使用電池等直流電作為電源，可進一步製成不需插電的電器。

4

目前的主流！AC馬達

[※8]　家庭用插座的交流電頻率，稱作**電源頻率**。每個國家的電源頻率都不一樣，一般是50Hz或60Hz，日本則是比較罕見的例子，2種頻率都有使用。大致上來說，東日本使用的是50Hz，西日本使用的是60Hz。50Hz表示電流會在一秒內切換正負向50次。

三相交流電　三相線圈　旋轉磁場

30 磁場的旋轉

如 果AC馬達要使用三相交流電，馬達必須裝有**三相線圈**。如下圖所示，裝有三相線圈的馬達中，圓周每隔120°就有一個線圈。

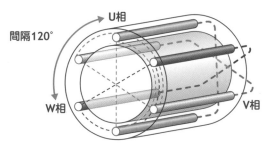

間隔120°　U相

W相　V相

▲ 三相線圈

三相線圈通以**三相交流電**後，3個線圈中必有1個線圈為逆向電流。假設某瞬間的U相為正向電流，V相與W相為負向電流（p82圖中的④），觀察此時三相線圈的電流方向可得到如右圖般的樣子，同一個半圓周內的電流方向相同。圖中的⊗與⊙表示電流的方向。⊗表示電流穿入紙面，⊙表示電流穿出紙面。

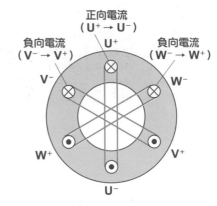

正向電流
（U⁺ → U⁻）

負向電流
（V⁻ → V⁺）

負向電流
（W⁻ → W⁺）

▲ 三相線圈的電流方向

而且因為使用的是交流電，電流的大小會隨著時間經過而產生變化，正向電流與負向電流會產生移動。因此，電流分布會跟著馬達旋轉。

這裡讓我們回想一下在④中曾說明過的事。**電流周圍會產生磁場。電流的正極側與負極側**周圍會**產生N極與S極的磁場**。當電流分布跟著馬達旋轉時，這個磁場也會持續移動。也就是說，**磁場會跟著一起旋轉**。考慮線圈內側的情況，磁力線穿出的地方為N極，磁力線穿入的另一邊是S極，而這個N極與S極會持續旋轉。

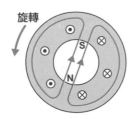
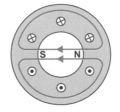
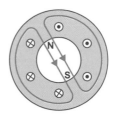

旋轉

▲ 磁場的旋轉

這種磁場稱作**旋轉磁場**。我們可以用通以三相交流電的三相線圈建構出旋轉磁場，再用旋轉磁場驅動馬達旋轉。旋轉磁場可以說是AC馬達的基礎。

31 為什麼AC馬達會旋轉？

若能建構出旋轉磁場，就能驅動AC馬達旋轉。那麼具體來說，旋轉磁場會如何轉動AC馬達呢？首先讓我們思考關於**同步馬達**的情況。

同步馬達是具代表性的AC馬達之一，馬達的**轉速和交流電的頻率同步**。與之後會提到的感應馬達相比，可精密控制馬達的轉速為同步馬達的一大特徵。關於「**同步**是什麼意思」這點，也可參考之後的㉜。

同步馬達的**定子上有三相線圈**，**轉子則是永久磁鐵**。使三相線圈通以三相交流電，就能在內側產生旋轉磁場。位於旋轉磁場內側之轉子的N極與S極會被旋轉磁場吸引而旋轉。同步馬達就是運用

磁鐵的旋轉來轉動其他東西的馬達。下圖為永久磁鐵轉子的示意圖，如果轉子是纏繞線圈的電磁鐵，亦會在相同原理下旋轉。同步馬達的轉子轉速與旋轉磁場的轉速相同。

旋轉磁場

磁鐵會跟著磁場一起旋轉

▲ 同步馬達的原理

另一個具代表性的AC馬達為**感應馬達**。感應馬達的原理說明起來可能會有些複雜。

感應馬達的基本原理是名為**電磁感應**的現象。電磁感應是由磁場變化產生電動勢的現象。

通以交流電之後，電流的方向反覆切換，使N極與S極跟著切換，這會讓交流電線路周圍的磁場跟著改變。此時，磁場內部的線圈會產生電磁感應，進而產生電動勢。電動勢是驅動電流的力量，因此線圈內會產生電流。感應馬達就是運用這種現象轉動的馬達。

感應馬達的**定子與同步馬達相同**，使三相線圈通以三相交流電後，便可產生旋轉磁場。感應馬達的特徵在轉子。**感應馬達的轉子為短路線圈**。所謂的**短路線圈**，指的是如第88頁的圖般的環狀線圈。作為定子的旋轉磁場旋轉時，靜止的轉子線圈會因為電磁感應而產生電流。在電磁感應的影響下，通過轉子的電流會因為旋轉磁場而產生電磁力，這個電磁力便可驅動感應馬達旋轉。

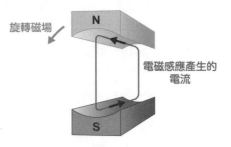

▲ 感應馬達的原理

當轉子轉速與旋轉磁場相同時，對轉子線圈而言，磁場就和沒有變化一樣，所以不會產生電磁感應。也就是說，如果感應馬達的轉速與旋轉磁場相同，馬達就不會旋轉。感應馬達的實際轉速會比旋轉磁場還要低一些。實際上的感應馬達轉子會使用好幾個短路線圈，如下圖所示。

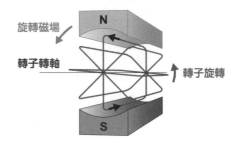

▲ 感應馬達的轉子

基礎建設與AC馬達

　　電力、瓦斯、自來水等**基礎建設**為構成社會運作基礎的設備。天然氣、公共自來水設施等都會用到馬達。

　　公共自來水設施會在儲水池、河川等地方設置取水口，以泵浦汲取用水。抽取上來的水經過消毒、過濾後會送至各地，運送過程的每個階段也需要泵浦驅動。這個過程中所使用的泵浦，會用到數十台數百kW的感應馬達。

　　天然氣或是液化石油氣也需要馬達協助運送。油輪運送進來的**LNG**（**液化天然氣**）會透過泵浦的馬達運送到儲藏槽儲藏。之後再氣化成天然氣，送至各個需要的家庭。運送天然氣時需要以壓縮機加壓。正如我們在**專欄5**中提到的，壓縮機也會用到馬達。

　　天然氣需要經過特殊管線輸送。在長距離的輸送過程中，每隔一定距離會設置一個壓縮機，以保持天然氣的壓力。以前這類大規模設施都會使用**燃氣渦輪**壓縮、運送天然氣，後來因為馬達比較節能，所以越來越多設施改用感應馬達、同步馬達等AC馬達。

4

目前的主流！AC馬達

32 AC馬達的轉速與 交流電的頻率

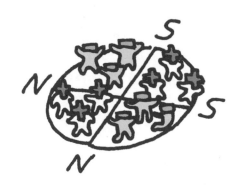

AC馬達的轉速與交流電的**頻率**有關。頻率指的是電流在一秒內切換方向的次數。50Hz表示電流在一秒內共有50組正負向電流（一組正負向電流為一個**週期**）。

另一個與AC馬達轉速有關的馬達特性就是**極數**。極數指的是定子上的三相線圈有幾組。如第91頁的圖(a)所示，如果定子上有一組三相線圈的話，那麼電流所產生的旋轉磁場會生成N極與S極各一個磁極，是所謂的**2極**。而圖(b)中有2組三相線圈，便會生成4個磁極，是所謂的**4極**。總而言之，極數指的就是定子上的三相線圈數目。

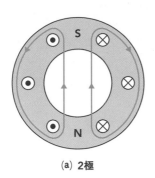

(a) 2極　　　　　　　　　(b) 4極

▲ 三相線圈的極數

　　同步馬達的轉速與電流頻率成正比。兩者間的關係可以用數學式表示如下。

同步馬達的轉速

$$N_0 = \frac{120\,f}{P}$$

頻率[Hz]

同步轉速[min⁻¹]

極數

　　上述這條式子顯示，轉速N_0與電流頻率f成正比，與極數P成反比。舉例來說，頻率$f=60Hz$的2極（$P=2$）馬達，轉速為$N_0=3600min^{-1}$；如果極數為8極（$P=8$），則轉速變為1/4，即900min^{-1}。

　　轉速與電流頻率成正比的現象，稱作**同步**。所以同步馬達的轉速N_0，稱作**同步轉速**。

在感應馬達中，轉子的轉速比旋轉磁場還要慢，換句話說，兩者並非同步。兩者的轉速差會以**轉差**來表示。轉差為轉子同步轉速與實際轉速之差和同步轉速的比例。

$$轉差 = \frac{同步轉速 - 實際轉速}{同步轉速}$$

感應馬達的轉速計算式如下所示。

感應馬達的轉速

$$N = \frac{120\,f}{P}\,(1 - s)$$

頻率[Hz]
轉差
轉速[min⁻¹]
極數

這裡的 s 就是轉差。由上述這條式子可以知道，感應馬達的轉速 N，不只與頻率 f 及極數 P 有關，也與轉差 s 有關。

一般來說，轉差 s 會在 0.1（10%）以下。舉例來說，假設有一個頻率 f=60Hz 的 2 極（P=2）感應馬達，轉差 s=0.05，那麼它的轉速就是 N=3420min⁻¹。感應馬達的轉速會比同步馬達的轉速還要慢一些。

停電時也不能使用自來水

「停電的時候也不能使用自來水」，你有過這樣的經驗嗎？這是因為大樓或公寓的自來水管會用到馬達。

公共自來水的水壓只能讓水上升到二樓左右。所以三樓以上的建築物要用自來水的話，就得提升水壓。以前的大樓會在屋頂設置水槽，依照需求用泵浦將一定量的水汲取到水槽內。此時使用的泵浦一般是感應馬達，馬達只有在汲水的時候才會運轉。因為水槽在很高的位置，所以每一層樓的自來水水壓都很高。

不過近年來，屋頂水槽越來越少見了，為什麼會這樣呢？這是因為有許多家庭改用**逆變器**（ **參照** ⑩ ）來控制泵浦。泵浦與自來水管直接相連，提高水壓至需要的壓力，稱作**直接加壓方式**。控制泵浦的馬達轉速便可調整水壓。若採用直接加壓方式，便不需要屋頂的水槽。

其他像是各樓層的消防栓，也會設置泵浦藉以提高噴水時的壓力。不過，只有火災時才會用到這種馬達，可以的話希望永遠都不會用到。

4

目前的主流！AC馬達

33 AC馬達的詳細分類

前 面我們介紹了同步馬達、感應馬達等具代表性的AC馬達，這2種AC馬達還可再分成多種馬達。同步馬達可以依照**磁場系統**（ 參照 ⑰ ）分成兩大類。

磁場系統為產生磁場的部分，可分為**繞組磁場系統型**（繞組型同步馬達）以及**永磁磁場系統型**（永磁同步馬達）。繞組磁場系統是線圈通以直流電後產生磁場的磁場系統。第95頁的圖即為繞組型同步馬達的模式圖。

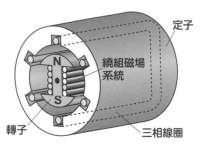

▲ 繞組型同步馬達

　　轉子的線圈接上直流電之後，轉子上會生成N極與S極2個磁極，因此我們可以把它想成是 ㉛ 中曾經提過的，使用永久磁鐵的同步馬達。而且與永久磁鐵不同，可以透過調節電流大小來調整磁力。這表示可以藉由改變磁場來控制馬達轉速。因此，通過磁場系統線圈的電流，也可以稱作**勵磁電流**。多數馬達皆如上圖所示，使用旋轉磁場系統；但也有一些馬達如下圖所示，使用**旋轉電樞**。不論是哪種，轉子內都有繞組，因此需要供應電流給旋轉中的轉子，亦即需要用到電刷。

　　轉子的線圈會與名為**滑環**的旋轉電極相連，持續接觸電刷。滑環與DC馬達的整流子不同，電流方向不會一直切換，整個圓周只有一個電極。

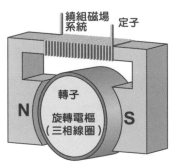

▲ 使用旋轉電樞的同步馬達

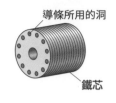

導條所用的洞　　　　　端環

鐵芯

導條

鼠籠型導體

實際外觀

▲ 鼠籠型轉子

　　感應馬達可依轉子形式分類。轉子有**鼠籠型**與**繞組型**2種。中型以下的馬達幾乎都是**鼠籠型感應馬達**。之所以叫做鼠籠型，是因為轉子內部的導體形狀和籠子類似。

　　鼠籠型轉子上有名為**導條**的棒狀導體連接兩端的端環，使其短路。不過，實際拆開感應馬達觀察轉子時，看不到鼠籠型導體，因為鼠籠型導體位於轉子鐵芯的內部。

　　繞組型感應馬達的轉子上纏繞著三相線圈。線圈的一端透過電刷連接外部電路。外部電路會讓轉子線圈短路，或者接上電阻。繞組型馬達可以調節轉子的電阻大小，控制轉速或是轉矩。過去經常使用大型繞組型感應馬達，現在則陸續換成了**以逆變器驅動**（ 參照 ㊵ ）的鼠籠型感應馬達。

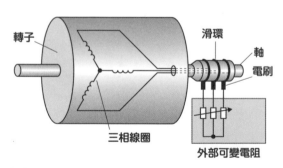

轉子

滑環

軸

電刷

三相線圈

外部可變電阻

▲ 繞組型轉子

馬達分類複習

　　前面我們提到了多種馬達。乍看之下有些複雜，這裡來複習一下前面提過的內容。如同我們在 ⑪ 中提到的，馬達最基本的分類是依照電源電流分成直流電與交流電。較常見的例子像是用乾電池驅動，或是需要接上插頭。我們可以藉此將馬達分成DC馬達或AC馬達。接著可再依「磁場系統種類」、「轉子種類」、「轉動原理」等，分成更細的分類。

　　除了依照電源電流分類之外，還能依照形狀分類，例如我們在 Chapter 2中介紹的「軸向氣隙馬達」。

4

目前的主流！AC馬達

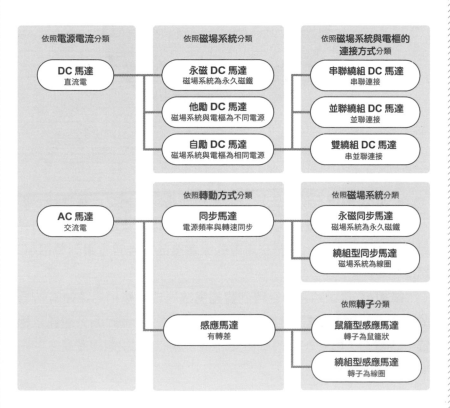

34 單相也能旋轉的 AC馬達原理

單相AC馬達**不使用三相交流電,而是用單相交流電驅動。事實上,過去曾經大量使用單相AC馬達。家中插座供應的是單相交流電,而使用單相交流電的家電產品,經常會用到單相AC馬達。

單相AC馬達的運轉會用到**雙相馬達**原理。雙相馬達如第99頁的圖所示,2個分離的線圈彼此呈90度。將這2個線圈分別通以**相位**(**參照** ㉙)相差90度的單相交流電,就能合成2個線圈產生的磁場,使磁場旋轉。

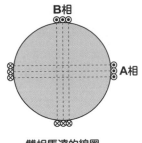

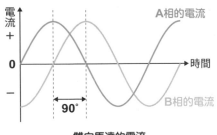

B相

A相

雙相馬達的線圈

電流 +

0

90°

A相的電流

時間

B相的電流

雙向馬達的電流

▲ 雙向馬達的線圈配置與電流

　　我們可以用**電容**使2個單相交流電產生90度的相位差，這種馬達就叫做**電容式馬達**。電容是一種可以儲存電荷、釋放電荷的被動元件，幾乎所有電子產品都會用到電容。

　　電容接上電流後，便會讓電流與電壓之間的相位相差90度。所以接有電容的線圈，電流相位會前進90度。這樣就可以生成雙相馬達所需要的雙相交流電了。

　　運用這種原理的電容式馬達轉動的是鼠籠型轉子。電容式馬達過去曾用於各式各樣的家電產品。

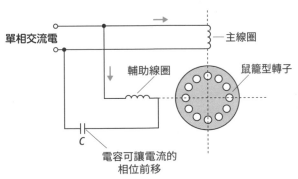

單相交流電

主線圈

輔助線圈

鼠籠型轉子

C

電容可讓電流的相位前移

▲ 電容式馬達

除此之外，為了使用單相交流電驅動，還有人設計出一種新的馬達，叫做**蔽極馬達**。蔽極馬達會使用所謂的**蔽極線圈**，蔽極線圈是一種短路線圈，可透過電磁感應產生電流，進而生成磁場。但蔽極線圈生成的磁場會有時間上的延遲。也就是說，單相交流電會產生磁場移動，蔽極馬達則利用這種磁場移動來轉動。

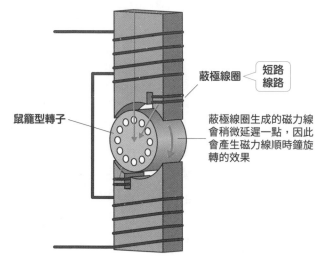

短路線路

蔽極線圈

鼠籠型轉子

蔽極線圈生成的磁力線會稍微延遲一點，因此會產生磁力線順時鐘旋轉的效果

▲ 蔽極馬達

　　單相同步馬達接上單相交流電的插座後便可同步旋轉，因此可用於電動時鐘、錄音機。不過，現在已經幾乎看不到這些裝置了。

　　另一方面，單相感應馬達現在仍然可在換氣扇、小型風扇中看到。不過，除了這些小型家電之外，使用單相AC馬達的電器正在逐漸減少中。只要使用**逆變器**，即使是單相交流電源也可以驅動三相AC馬達。我們會在Chapter 5中詳細介紹什麼是逆變器。

　　19世紀末左右，曾有過名為**電流戰爭**的爭論。這場爭論爭的是，美國新設的發電廠該用交流電還是直流電。主張該使用直流電的是愛迪生的GE公司，主張該使用交流電的則是特斯拉與西屋公司。著名電動車品牌的名稱，就是源自這個特斯拉。

　　這場爭論的最後，決定設立交流電的發電廠。該發電廠設置於尼加拉瀑布，是一座水力發電廠。考慮到長距離的電力傳輸，最後決定採用交流電。

　　之所以使用交流電，有2個主要原因。一個原因是電力長距離輸送時，電力損失較小。除此之外，即使長距離的電力輸送使電壓降低，也可以透過變壓器再次提升電壓。自此之後，世界上所有發電廠都改用交流電。

電燈用或動力用

交流電共有**單相交流**與**三相交流**2種。一般家庭使用的主要是單相交流電。不過，日本的商店、公司行號等地方通常會有2個電表，分別寫著「電燈」與「動力」[※9]，這表示這些場所會用到三相交流電。

交流電的電流方向會在正向與負向之間來回切換。單相交流電會接上2條電線，電流則在這2條電線之間來來回回。在電流從正向切換到負向的瞬間，電流為零。插插座的白熾燈或是日光燈使用的是單相交流電，每秒鐘有100次或120次電流為零的瞬間。事實上，即使有電流為零的瞬間，燈光也不會消失，只是會稍微變弱一些，所以看起來不會有閃爍的感覺。單相交流電常用於照明，因此電表上會標示「電燈」。

另一方面，三相交流電則用於耗電相對較大的地方。三相交流電經常用於馬達，所以常稱作「動力」交流電。三相交流電可乘載較強的電力，因此發電廠或輸電線都是使用三相交流電。此外，三相交流電可產生旋轉磁場，相當適合提供給AC馬達使用。

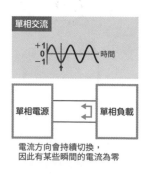
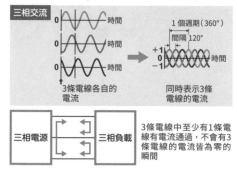

▲ 單相交流與三相交流

※9　不同電力公司的稱呼可能不同。

5

進化後的 AC馬達

馬達在20世紀末快速發展，進入21世紀之後，AC馬達的使用變得更為普及。在Chapter 5中會詳細介紹進化後的AC馬達，並說明逆變器、向量控制等相關技術。

35 磁鐵、電力電子學、電腦的進化

20 世紀的最後10年，馬達的相關技術快速發展。首先，**釹磁鐵**的發明對馬達的發展造成了很大的影響。

釹磁鐵是由釹、鐵、硼的化合物（NdFeB）構成的磁鐵。可以製成磁鐵的元素種類不多，僅有鐵、鈷、鎳、某些稀土元素等，而釹磁鐵就是這些元素的組合之一。

釹磁鐵的磁力很強，**BHmax**（ 參照 ㉗ ）是過去常使用的鐵氧體磁鐵的約10倍。因為是磁力很強的磁鐵，所以可製成較小的馬達，性能也提升了許多。

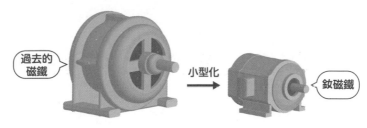

▲ 釹磁鐵使馬達小型化

　　再來，控制馬達所使用的**電力電子學**（**Power Electronics**）的快速發展也促成了馬達進化。在名為**IGBT**的新型電晶體投入應用之後，電力電子學領域出現了非常大的變化。IGBT的正式名稱為Insulated Gate Bipolar Transistor，IGBT為其首字母縮寫。過去的電晶體換成了IGBT後，可以更精密地控制交流電。

　　最後，以電力電子學方式控制電力時必備的電腦也有很大的進步。在IGBT投入應用的同時，電腦性能也有很大的進步。開發出了可以進行複雜控制運算的單晶片（ 參照 ㉖ ），進一步提升了對於馬達的控制能力。

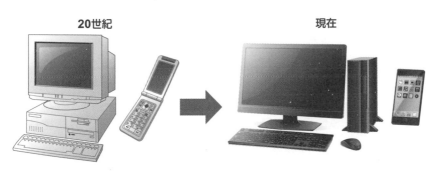

20世紀　　　　　　　　　　　　　　　　現在

▲ 電腦性能提升

　　馬達的進步，可以說是來自於這些技術的進步。馬達的使用方式也有了很大的改變。電動車與油電混合車也是到了這個時代才逐漸普及。現在，這些進化後的馬達在我們的周圍已隨處可見。

36 永磁同步馬達的出現

在 過去很長的一段時間裡，一般是以「轉速可以改變的馬達為 DC馬達、轉速固定的馬達為AC馬達」的概念來區分馬達用途。其中，AC馬達中最常使用的是**感應馬達**，如果需要精確轉速的話，則會使用**同步馬達**。不過，這種用途上的分類卻因為馬達的進化而有了很大的改變。

因為強力釹磁鐵的誕生，製作出了小型高效率的**永磁同步馬達**。因為電力電子學的進步，得以精準控制AC馬達所使用的交流電。所以現在的AC馬達，特別是永磁同步馬達已經應用在許多地方上。

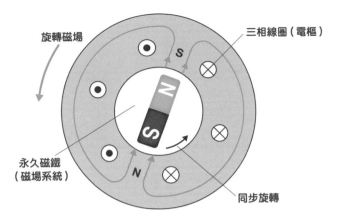

旋轉磁場

三相線圈（電樞）

S

N

S

N

永久磁鐵
（磁場系統）

同步旋轉

▲ 永磁同步馬達的原理

　　我們已在 ㉛ 中說明過永磁同步馬達的原理。永磁同步馬達的定子為電樞，轉子為磁場系統。

　　永磁同步馬達會運用電力電子技術中的**逆變器**（ **參照** ㊵ ）所生成的**三相交流電**驅動其旋轉，是永磁同步馬達的一大特徵。過去的同步馬達會直接接上商用電源，因此只能以50Hz或60Hz的轉速旋轉。不過，現在永磁同步馬達已可用逆變器自由控制電流頻率。

　　此外，永磁同步馬達使用永久磁鐵作為磁場系統，因此不需要生成磁場的**勵磁電流**（ **參照** ㉝ ）。這可以有效提升馬達的電力運用效率。

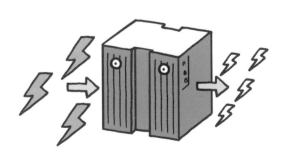

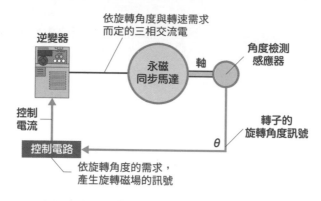

依旋轉角度與轉速需求
而定的三相交流電

逆變器

永磁
同步馬達

軸

角度檢測
感應器

控制
電流

控制電路

依旋轉角度的需求，
產生旋轉磁場的訊號

轉子的
旋轉角度訊號

θ

▲ 永磁同步馬達與逆變器

　　永磁同步馬達還有一個必要元件，那就是**檢測轉子旋轉角度的**
感應器。這個感應器可以檢測出轉子的旋轉角度，逆變器便能依照
這個角度，控制同步的交流電通過。感應器不只要將資訊回饋到轉
速上，也要精準檢測出轉子的旋轉角度才行。

　　因為強力的釹磁鐵、控制交流電的電力電子元件、高性能的電
腦等三者的誕生，使永磁同步馬達逐漸普及，可以說是**21世紀的**
馬達。

電動車的種類與馬達

電動車也寫做**EV**，為**Electric Vehicle**的簡稱。

提到EV，便會讓人聯想到以電池驅動馬達，再以此為行駛動力的汽車。這個概念並沒有錯，但實際上還會依照驅動機制，將電動車分成以下數類。

- 電池電動車（**BEV**）
- 混合動力電動車（**HEV**）
- 複合動力電動車（**PHEV**）
- 燃料電池電動車（**FCEV**）

這些都是用馬達驅動的汽車，它們可再分成只靠馬達驅動，或是以引擎與馬達併用等多種驅動方式。

其中，電池電動車（BEV）是只使用車輛搭載之電池作為能量來源的電動車。電池可以儲存直流電，但驅動汽車的馬達卻是AC馬達。以前的電動車會用電池的直流電直接驅動DC馬達，後來隨著能將直流電轉換成交流電的**逆變器**的進步，因為AC馬達有性能與體積上的優點，於是AC馬達逐漸普及。BEV使用的是100kW等級的永磁同步馬達或感應馬達。

37 SPM與IPM的 永久磁鐵位置不同

永磁同步馬達大致上可以分成兩大類，分別是**SPM馬達**以及**IPM馬達**。SPM為Surface Permanent Magnet的首字母縮寫，意為**表面磁鐵型**。另一方面，IPM為Interior Permanent Magnet的首字母縮寫，意為**內建磁鐵型**或**埋藏磁鐵型**。

接著一起來看看上述這2種馬達分別有哪些特徵吧。首先是SPM馬達。

SPM馬達的轉子表面有永久磁鐵，結構與無刷馬達的轉子相同。在SPM馬達中，定子的電流與永久磁鐵的磁場會產生轉矩。與無刷馬達的差別在於，SPM馬達為AC馬達，所以會藉由三相交流電生成旋轉磁場。

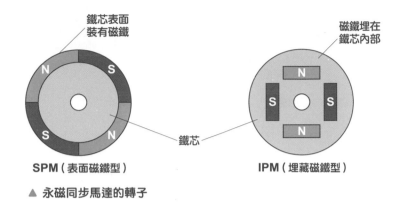

▲ 永磁同步馬達的轉子

上圖顯示的永磁同步馬達的轉子皆為4極（ 參照 ㉜ ）。永磁同步馬達的轉速也與轉子的極數有關。

SPM馬達的**磁極在轉子表面**，因此會直接利用永久磁鐵的磁力來轉動。即使是磁力較弱的磁鐵，也能產生一定程度的轉矩。

不過，磁鐵位於轉子表面也是它的缺點。如果將永久磁鐵黏在鐵芯表面，當離心力過大時，磁鐵就有可能會剝離。因此，這種設計僅適用於半徑較小、輸出較小，或者低速旋轉的馬達。如果希望SPM馬達能高速旋轉，就需要在轉子表面纏繞玻璃纖維，或者加上保護套以固定住磁鐵。

IPM馬達是**將永久磁鐵埋藏在轉子的鐵芯內部**。IPM馬達需要磁力很強的磁鐵，所以在釹磁鐵登場後，IPM馬達才投入實用。以前的磁鐵如果埋藏在轉子內的話，磁力會變得過弱，就算有IPM馬達的概念也做不出實用產品。

IPM馬達內埋藏的磁鐵形狀有很多種，如第112頁的圖所示。至於要埋藏在什麼位置，皆因馬達的設計而定。

5

進化後的AC馬達

▲ IPM馬達內埋藏的磁鐵形狀

　　IPM馬達會在轉子的鐵芯內埋藏磁鐵，所以即使高速旋轉，也不會因為離心力而使磁鐵剝離。因此可以製作出轉子半徑較大、輸出較大、高速旋轉的IPM馬達。

　　不過，IPM馬達成功的原因不只這些，**IPM馬達可以輸出很大的轉矩**也是原因之一，因此能夠製作出高效率的馬達。我們會在㊳中詳細說明這點。

油電混合車

　　油電混合車（HEV）是同時搭載引擎與馬達的EV。可以分為數個種類。

　　並聯式油電混合車同時接有引擎與馬達的傳動軸，因此可僅用引擎驅動，或者僅用馬達驅動，也可以同時使用兩者產生的轉矩行駛。這種機制稱作**馬達輔助系統**。舉例來說，急加速時，馬達輔助系統可以在瞬間產生爆發力，減少引擎的燃料消耗。

　　串聯式油電混合車則是用引擎驅動發電機，再用發電機發出的電力與電池的電力一起驅動馬達，汽車僅靠馬達的動力行駛。引擎僅用於驅動發電機，並沒有直接供應汽車動力。因為汽車只靠馬達提供動力，所以馬達需要很高的輸出。

　　另外還有串聯與並聯組合而成的**雙馬達**HEV。

　　HEV同時需要引擎與馬達，馬達必須做得很小才行，所以會使用容易小型化的**永磁同步馬達**。

　　與BEV相比，HEV有引擎會排放廢氣，為其一大缺點。但引擎的運轉時間較短，因此廢氣排放量比引擎車還要少。此外，HEV的油耗表現也比引擎車優異。加上HEV可以使用燃料作為能量來源，因此可搭載的能量比只使用電池的BEV來得多。換句話說，HEV的續航距離比較長。

5

進化後的AC馬達

38 IPM馬達所產生的磁阻轉矩

有一種轉矩不會發生在SPM馬達上，卻會發生在IPM馬達上，那就是**磁阻轉矩**[10]。磁阻轉矩是彎曲的磁力線想要伸直時產生的力。之前在 ③ 中也有提到，磁力線有趨於伸直的特性，這裡讓我們再詳細說明一次。

如第115頁的圖所示，鐵製轉子的剖面並非圓形，而是切去某些部位的形狀。這種形狀稱作**凸極**。假設有一條磁力線斜向射入凸極轉子再射出。因為磁力較易通過鐵，較難通過空氣，所以凸極轉子內部的磁力線會彎曲。因為磁力線有趨於伸直的特性，所以會讓

---

[10] **磁阻**顧名思義就是由磁力產生的阻力。磁阻表示磁力通過的難度，會因為物體形狀的不同而有所差異。**磁導率**表示磁力通過的容易度，是決定物質特性的物理常數。

轉子產生順時鐘方向旋轉的轉矩，這就是磁阻轉矩。而此時產生的力則稱作**麥克斯韋應力張量**（Maxwell stress tensor）。

IPM馬達的轉子鐵芯內部有磁鐵，但磁鐵的磁導率低，磁力難以通過。也就是說，定子線圈的電流所產生的磁力線在穿過轉子時，會被磁鐵妨礙而彎曲。彎曲的磁力線有趨於伸直的特性，因此會使磁鐵產生轉矩，也就是磁阻轉矩。

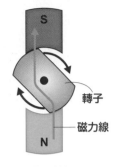

▲ 磁阻轉矩

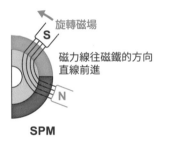

▲ IPM馬達的磁阻轉矩

如同㊲所示，IPM馬達埋藏的磁鐵形狀十分多樣。這是因為磁鐵的形狀與位置會改變電磁力產生的轉矩與磁阻轉矩。所以一般會依照馬達的用途設計適當的磁鐵形狀，以符合使用上的需求。IPM馬達在磁阻轉矩的作用下，輸出相當大，因此效率非常高。另外，IPM馬達在低轉速下仍可輸出較大的轉矩，馬達的效率也會較高。

39 以逆變器控制感應馬達

　　這裡讓我們先把焦點從同步馬達轉移到感應馬達。感應馬達的轉速與電流頻率並不同步，與同步轉速之間具有所謂的**轉差**（**參照** ㉜）。轉差為感應馬達的一大特徵。

　　轉差通常只有數個百分點，會因為感應馬達的轉矩而改變。換句話說，轉差會因為負載轉矩的變化而自動改變。因為有這樣的性質，所以感應馬達可以在沒有外部控制的狀況下，自動應對負載的改變。而且與永磁同步馬達不同，感應馬達不需要檢測旋轉角度的感應器。雖然負載的轉矩大小會稍微影響感應馬達的轉速，不過感應馬達的轉速大致上會保持一定。

　　感應馬達接上商用電源的交流電後，便會以幾乎固定的轉速旋

轉，所以很久以前就把這種馬達作為動力來源。舉例來說，泵浦、風扇等的轉速幾乎不會改變，相當適合使用感應馬達製作。洗衣機與空調等電器也曾使用感應馬達。

在過去，如果想控制感應馬達的轉速，便會使用**繞組型感應馬達**（ **參照** ㉝ ）。如果要控制繞組型感應馬達，必須在外部加上可變電阻，所以馬達外側會有相當大的附加裝置。此外，感應馬達需要電刷，而電刷會有磨耗，必須定期更換。而且，如果使用可變電阻控制繞組型感應馬達的轉速會降低馬達的效率。因此，繞組型感應馬達雖然會用在大型設備上，但是小型機器則會使用**鼠籠型感應馬達**（ **參照** ㉝ ）。一般不會控制這種馬達的轉速，僅用開關控制它的運轉。

不過，隨著電力電子學的發展，狀況也有所改變。感應馬達為AC馬達，如果改變電流頻率，那麼轉速也會跟著改變。與同步馬達不同，感應馬達的電流頻率與轉速並不一致，不過考慮到前面提到的轉差，只要給予特定頻率的交流電，便可讓感應馬達以對應的轉速旋轉。

綜上所述，改變交流電的頻率便可控制感應馬達的轉速。而使用**逆變器**，就能自由改變交流電的頻率。與後面會提到的**向量控制**相比，這種控制方式在精準度上比較差（ **參照** ㊶ ），但就「能夠控制感應馬達的轉速」這點來說，已是很大的進步。

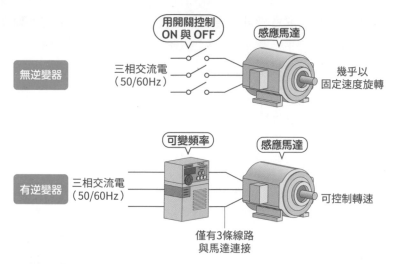

無逆變器

用開關控制
ON 與 OFF

三相交流電
（50/60Hz）

感應馬達

幾乎以
固定速度旋轉

有逆變器

可變頻率

三相交流電
（50/60Hz）

感應馬達

可控制轉速

僅有3條線路
與馬達連接

▲ 用逆變器控制感應馬達

　　如果在過去常用的鼠籠型感應馬達上追加逆變器，就能自由控制其轉速。隨著電力電子學的發展，逆變器逐漸小型化且變得更便宜，所以才有了這種方式。這種逆變器稱作**泛用逆變器**，許多馬達上都裝有這種逆變器（ 參照 60 ）。

引擎車的馬達

一般的引擎車內會用到50台以上的馬達。引擎車搭載12V的電池，所以使用的馬達多是以直流12V驅動的**永久磁鐵DC馬達**。有時也會使用無刷馬達或永磁同步馬達。以下介紹其中幾種引擎車內使用的馬達。

● **雨刷**

擦拭前車窗的雨刷會來回擺動。馬達的旋轉可透過曲柄零件轉換成來回運動。雨刷使用的馬達為永久磁鐵DC馬達，馬達每旋轉約10次，雨刷就會來回1次。

● **電動輔助轉向系統**

輔助轉向系統是輔助方向盤運作的裝置。過去會用油壓產生的力量來輔助方向盤，近年則多改用**電動輔助轉向系統**（EPS）。改用電動輔助轉向系統後，就不需要讓引擎一直轉動油壓泵浦，因此可提升油耗表現。不僅如此，電動輔助轉向系統也是自動駕駛不可或缺的要素。

電動輔助轉向系統需要對車速、轉向轉矩、轉向感等做出許多細緻的控制，因此必須精準控制永磁同步馬達的轉動。不同大小的車輛，馬達輸出也不一樣，一般會使用500W～1kW左右的馬達。

5

進化後的AC馬達

40 逆變器如何控制馬達？

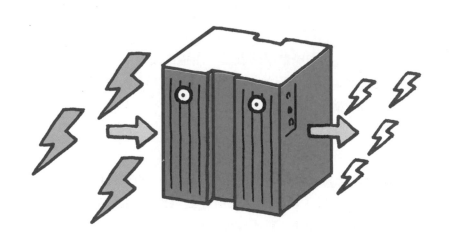

逆變器是能將直流電轉變成交流電的電力電子元件。擁有這種電路的裝置，也叫做逆變器。

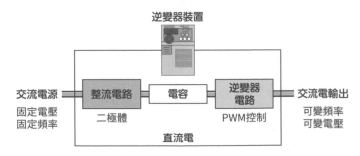

▲ 逆變器的機制

在逆變器裝置輸入交流電之後，可輸出任意頻率或電壓的交流電。因此可以把逆變器想像成**可變電壓與可變頻率的電源裝置**。

逆變器裝置內部有**整流電路**，可將商用電源的交流電轉換成直流電。電容可以儲存直流電，再透過逆變器電路轉換成交流電。整流電路會用到**二極體**。二極體是一種僅讓單一方向電流通過的半導體。善用二極體的性質，便能將交流電轉變成直流電。

透過這樣的機制，便能將輸入的交流電轉變成任意頻率的交流電輸出。而且即使輸入的是單相交流電，也能輸出三相交流電。也就是說，只要使用逆變器，即使是使用單相交流電的家電產品，也能使用三相馬達。逆變器將直流電轉變成交流電的原理，之後會在㉑中詳細說明。

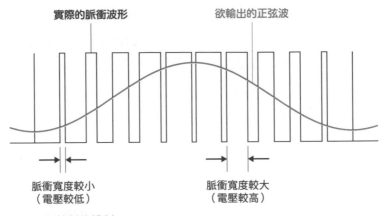

實際的脈衝波形　　　　　　　欲輸出的正弦波

脈衝寬度較小　　　　　　　脈衝寬度較大
（電壓較低）　　　　　　　（電壓較高）

▲ **PWM控制的機制**

　　逆變器電路會使用**IGBT**（ 參照 ㉟ ）。IGBT可快速切換ON
與OFF，產生接近正弦波的交流電。此時會進行**PWM控制**[11]。
PWM控制可在輸出連續脈衝的同時，慢慢改變脈衝寬度。依照欲
輸出之交流電的波形，改變脈衝寬度。上圖為緩慢切換ON與OFF
的示意圖，實際上的IGBT可用10kHz（1秒內1萬次）以上的頻率切
換ON與OFF，因此可得到接近正弦波的輸出。

　　逆變器可以進行**V/f控制**。**V**為馬達的端電壓，**f**則為頻率。
由於電壓與頻率的比例固定，因此馬達內部的磁通量也是固定的。
所以即使頻率改變，馬達的性能也不會變。舉例來說，原本設計成
50Hz．200V的馬達，以**25Hz．100V**的電源運轉時，轉速約為
原本的1/2，轉矩或電流等馬達的性能卻幾乎不會改變。過去的鼠
籠型感應馬達幾乎不能改變轉速，不過在逆變器問世後，已經可以
自由控制鼠籠型感應馬達的轉速了。

※11　Pulse Width Modulation的簡稱。意為「脈衝寬度調變」。

電車的馬達與再生

　　電車顧名思義，就是靠電力行駛的鐵路車輛，可透過**集電弓**從上方的高架電線接收電力，再用這些電力驅動馬達使車輛前進。

　　日本JR在來線（註：新幹線以外的日本舊國有鐵路）或私營鐵路的高架電線多使用1500V的直流電。不過，日本國內幾乎所有電車都不是使用DC馬達，而是使用AC馬達中的感應馬達。

　　馬達位於電車地板下的台車。一節電車車廂裝有2個台車，一個台車有2個車軸，每個車軸都裝有一個馬達。換句話說，一節車廂有4個馬達。若一輛電車有數節車廂，那麼其中幾節車廂可能會沒裝馬達。

　　一般日本國內的電車會使用輸出為150kW左右的感應馬達，並透過第124頁介紹的**向量控制**來控制轉矩。一節車廂的4個馬達皆由同一個逆變器控制。

　　電車的馬達有**再生制動**的功能（ **參照** ⑥④ ）。減速時，馬達可轉變成發電機，在發電的同時產生制動效果。

　　再生制動可讓行駛中電車的動能轉換成電能，提供其他電車使用。再生制動這種節能技術不僅能用在電車上，也能用在任何靠馬達行駛的車輛上。相對於再生制動，「靠馬達行駛」的概念稱作**動力運轉**。

5

進化後的AC馬達

41 以向量控制進行
更精密的控制

使用逆變器，再加上**向量控制**，可以更精準地控制AC馬達。
向量控制的原理很難用簡單的方式說明，這裡讓我們試著不
使用數學式來說明什麼是向量控制。

　　向量控制是將AC馬達內部的旋轉磁場與三相交流電想成是**向
量**。理論上，當馬達中的磁場與電流垂直時，產生的轉矩最大。而
向量控制就是**控制電流的向量與旋轉磁場的向量，使兩者垂直**。

　　向量長度為電流或是磁場的大小，向量方向則為交流電的相位
（ **參照** ㉙ ）。轉矩與電流大小成正比，因此電流向量的長度可表示
轉矩。當我們為了改變轉矩而改變電流時，電流向量的長度也會跟
著改變。

此時，為了使電流向量保持相同的方向，便會將電流向量分為x軸與y軸2個分量，並分別控制這2個分量。這樣就能保持電流向量與旋轉磁場向量的垂直關係。

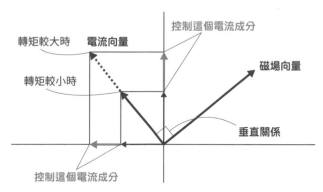

控制這個電流成分

轉矩較大時　電流向量

磁場向量

轉矩較小時

垂直關係

控制這個電流成分

▲ 向量控制

簡單來說，馬達電流為正弦波，而我們**控制的是正弦波的振幅（大小）與相位**。向量含有長度與方向，向量的長度相當於正弦波的振幅，向量的方向則相當於正弦波的相位。

想要控制向量，需要的是可以檢測出轉子旋轉角度的感應器，以及可精準檢出交流電流波形的感應器。再藉由這些訊號控制供應馬達的電流。向量控制可用於感應馬達，也可用於同步馬達。特別是永磁同步馬達本來就需要轉子的旋轉角度感應器（ 參照 ㊱），所以幾乎所有永磁同步馬達都會採用向量控制。

即使以逆變器對感應馬達進行V/f控制，當負載不同時，轉差也不一樣，所以只能大致控制轉速在一定範圍內（ 參照 ㊴）。不過如果改用向量控制，就可以精準控制感應馬達的轉矩與轉速。

向量控制可以對包括同步馬達、感應馬達在內的AC馬達進行多種控制，例如「**保持正確轉速**」、「**平滑地改變轉速**」、「**避免旋轉時的轉速波動**」等等。

向量控制會用到馬達的某些個別特性，所以實際上並不是在馬

達上追加逆變器，而是依照馬達的特性設計對應的逆變器。這種系統稱作**馬達驅動系統**。

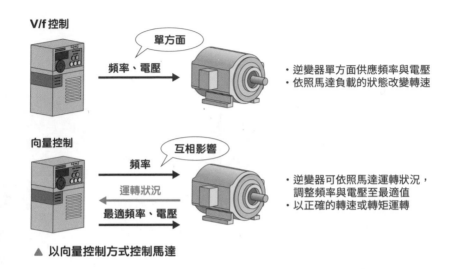

V/f 控制

單方面

頻率、電壓

・逆變器單方面供應頻率與電壓
・依照馬達負載的狀態改變轉速

向量控制

互相影響

頻率

運轉狀況

最適頻率、電壓

・逆變器可依照馬達運轉狀況，調整頻率與電壓至最適值
・以正確的轉速或轉矩運轉

▲ 以向量控制方式控制馬達

電力電子學

　　這裡要說明的是前面提過許多次的**電力電子學**。電力電子學顧名思義，就是控制電力的電子學。與一般電子學相比，電力電子學處理的電壓較高、電流較大。

　　一般電子學處理的是電**訊號**，即訊號持續時間或大小變化。我們的周圍有著各式各樣的訊號，除了電訊號之外，還有聲音、光等等。一般電子學處理的是電訊號，用於計算、通訊，或是將訊號顯示在畫面上。

　　另一方面，電力電子學的用途是**改變電力的形狀**。所謂改變電力的形狀，指的是將直流電轉變成交流電、改變頻率或電壓等等。改變電力的形狀也稱作**電力轉換**。電力轉換可以分成數種，如下圖所示。

　　將交流電轉變成直流電稱作**順變**，改變直流電的電壓或電流稱作**直流轉換**，將交流電轉變成另一種交流電稱作**交流轉換**。而將直流電轉變成交流電則稱作**逆變**。

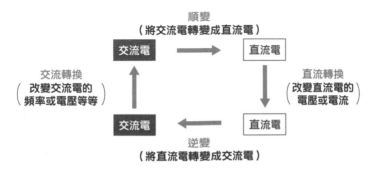

▲ 電力轉換

不過，為什麼將直流電轉變成交流電會叫做「**逆變**」呢？

在電力電子學出現以前，只能用發電機或真空管將交流電轉變成直流電，無法將直流電轉變成交流電。因此在很長的一段時間中，一般所說的「電力轉換」指的是「將交流電轉變成直流電」。不過在電力電子學出現以後，已經能將直流電轉變成交流電了。這種電力轉換方向與過去相反，因此稱作逆變。

逆變在英文中叫做invert，所以將直流電轉變成交流電的電路或裝置，就叫做**逆變器**（inverter）。

6 更多馬達！各式各樣的馬達

前面我們將馬達分成了DC馬達與AC馬達，並分別說明了它們的運作機制。除了這些馬達之外，坊間還有各式各樣的馬達。有些馬達並非DC馬達也非AC馬達，有些馬達雖屬於AC馬達，運作方式卻相當特殊，有些馬達則不是仰賴磁力運作。本章會介紹這些原理特殊的馬達。

42 步進馬達以脈衝驅動

每次僅能旋轉一定角度的馬達，稱作**步進馬達**。每一次輸入時，馬達僅會旋轉對應的角度，例如僅旋轉一度，而在下一次輸入之前，馬達會停留在該位置。下一次輸入時，馬達會再旋轉一度。也就是說，馬達會如第131頁的圖(b)所示，旋轉角度如階梯般改變。步進馬達的旋轉就像時鐘的秒針一樣，前進一定角度後會先停下來，然後再前進一定角度，再停下來。

步進馬達不是用直流電，也不是用交流電，而是透過**脈衝電流**驅動，因此也稱作**脈衝馬達**。一個脈衝電流可讓馬達移動一個固定的角度（**步進角**）。

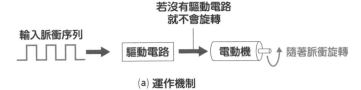

(a) 運作機制

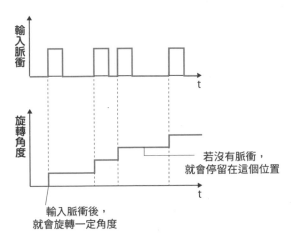

(b) 步進動作

▲ 步進馬達的運作機制

　　步進馬達的另一個特徵是有**停止力**。移動了某個角度後，就會有一個力量使它停留在該位置。這個力叫做**掣動轉矩**。掣動轉矩可以抵抗外力，使馬達停住不旋轉，汽車的停車煞車就是運用了這個原理。

　　步進馬達需要**專用的驅動電路**（驅動器）。若將脈衝訊號輸入至驅動電路，驅動電路便會將足夠大的電流脈衝分散至馬達的各個線圈。只要連續輸入脈衝，馬達就會依照輸入的脈衝數旋轉特定的角度，並停留在該位置。

　　第132頁的圖說明了步進馬達的原理。轉子為永久磁鐵。定子上有線圈，每個線圈皆與開關相連。

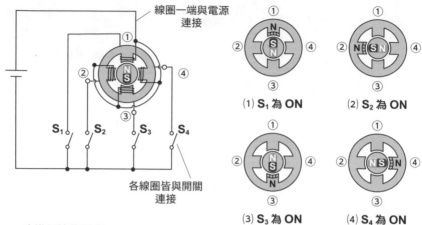

線圈一端與電源
連接

① S₁

② S₂

③ S₃

④ S₄

各線圈皆與開關
連接

(1) S₁ 為 ON

(2) S₂ 為 ON

(3) S₃ 為 ON

(4) S₄ 為 ON

▲ 步進馬達的原理

　　上圖中，S₁為ON時，電流通過**線圈①**，**線圈①**的磁極變為N
極，於是轉子的S極被吸引，停在(1)的位置。接著S₁變為OFF、S₂
變為ON，電流通過**線圈②**，**線圈②**的磁極變為N極，吸引原本在
線圈①下方的轉子S極，使其轉動到**線圈②**下方，停在(2)的位置。
然後陸續將S₃、S₄轉變成ON，轉子就會陸續停留在(3)、(4)的位
置，每次旋轉90度。

　　於是每輸入一個脈衝，步進馬達就會旋轉一個角度。為了方便
理解，示意圖中假設馬達每次「旋轉90度」。實際的步進馬達，
定子或轉子的極數（凸極的數目）會比較多，所以可以精密到每個脈
衝只轉動一度。

　　使用步進馬達時，**脈衝訊號本身就是馬達的控制訊號**。因此，
脈衝數可以決定旋轉角度。另外，**脈衝的速度（脈衝頻率）可以決定
馬達轉速**。步進馬達的轉動幅度由脈衝數決定，所以即使沒有旋轉
角度的感應器，也能清楚知道轉子轉動了多少角度。電腦訊號為僅
由1與0構成的脈衝訊號，因此用電腦控制這種馬達並不困難。

　　脈衝（pulse）是在非常短的時間內變化的訊號。也可以想成是「在極短的時間內切換ON與OFF的訊號」。

　　pulse是**脈搏**、**搏動**的英語。心臟每隔一定的時間間隔就會收縮一次，將血液推出至動脈。此時，動脈內血液的壓力會因為收縮而改變。電的「脈衝」也有類似的性質。就像心臟會依照固定節奏持續跳動來改變血壓一樣，脈衝訊號指的是**電流或是電壓在ON與OFF這2個數值之間瞬間切換的訊號**。當步進馬達接收到一個電流脈衝時，便會轉動一個步進角。

　　就像前面曾數度列出的示意圖一樣，交流電為**正弦波**（平滑而規則的波），會在正負之間來回變化。連續的脈衝波則會在ON（某個數值）與OFF（零）2個數值之間瞬間切換，而不是在正負之間來回變化。

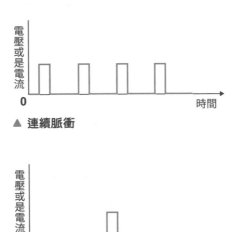

▲ 連續脈衝

▲ 單一脈衝

6

更多馬達！各式各樣的馬達

43　各式各樣的步進馬達

步進馬達存在於各式各樣的機器中，是相當常見的馬達。本節讓我們進一步說明這種馬達的原理。

　　結構細節不同的步進馬達，步進角、轉速、轉矩等性能也不一樣。我們可以依照結構，將步進馬達再分成**PM型**、**VR型**、**HB型**等3種。

　　PM型是使用永久磁鐵（**Permanent Magnet**）作為轉子的步進馬達。在 ㊷ 中說明步進馬達的原理時，就是以PM型步進馬達為例。PM型使用永久磁鐵，所以有轉矩大的特徵。另一方面，轉子的磁極並沒有增加多少，所以步進角也不會縮小多少。

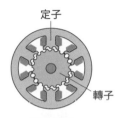

定子

轉子

基本結構

VR型轉子

N
S
N
S
N
S
N
S

PM型轉子

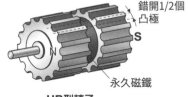

錯開1/2個
凸極

S

永久磁鐵

HB型轉子

▲ **步進馬達的轉子**

　　VR型為**Variable Reluctance**的首字母縮寫，是步進馬達的原型。以前的軍艦砲塔在旋轉時，就會使用到這種馬達。它的轉子為齒輪狀的鐵芯，齒輪的凹凸外形會產生**磁阻轉矩**（ **參照** ㊳ ）。也就是說，我們可以將齒輪視為許多小小凸極的排列。齒輪的齒數越多，可以得到越小的步進角，但掣動轉矩也比較小[※12]。

　　HB型為混合（**Hybrid**）之意，轉子是由齒輪狀的鐵芯與永久磁鐵構成，屬於混合了PM型與VR型特性的步進馬達。轉矩大、步進角小為其特徵。現在使用的步進馬達幾乎都是HB型。

　　若HB型步進馬達的定子使用**爪型磁極**，可以讓步進角變得更小。爪型磁極彼此交錯排列，由不同線圈的電流生成磁極。

　　步進馬達可依照線圈的電流分布，分成單極型與雙極型2種。**單極型**的線圈電流沿著固定方向流動，如㊷中說明的方式。另一方面，**雙極型**的線圈電流則會有正反兩個方向。與單極型相比，雙極型電流的驅動電路較複雜，轉矩卻比較高。

※12　步進馬達的極數也稱作**齒數**。

市面上的步進馬達並不會標註**額定轉速**[13]與輸出,而是標註不同轉速對應的轉矩與性能。選擇步進馬達時,必須考慮負載的條件與加減速等運動。一般來說,步進角可能是0.72度或1.8度。

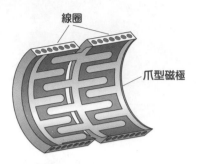

線圈

爪型磁極

▲ 爪型磁極的定子

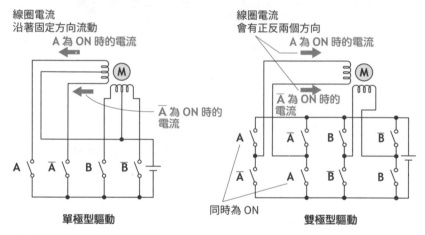

線圈電流
沿著固定方向流動

A 為 ON 時的電流

$\overline{A}$ 為 ON 時的電流

A　$\overline{A}$　B　$\overline{B}$

單極型驅動

線圈電流
會有正反兩個方向

A 為 ON 時的電流

$\overline{A}$ 為 ON 時的電流

A　$\overline{A}$　B　$\overline{B}$

$\overline{A}$　A　$\overline{B}$　B

同時為 ON

雙極型驅動

▲ 單極型驅動與雙極型驅動

※13　在指定電源的電壓與頻率下,該馬達於理想使用時的轉速。

　　一般來說，控制電梯的地方是設置於屋頂的**機房**。機房內設有捲揚機，與一般人乘坐的「梯廂」相連，以減速機控制感應馬達的轉速。

　　電梯在啟動或停下時，幾乎不會讓人有突然移動或突然停下的感覺，而且電梯能精準停在每一層樓的地板。

　　之所以能做到上述的運轉方式，是因為電梯能精準控制它的馬達。電梯可以控制梯廂的加速度，使人在搭乘電梯時不會產生不適感，但事實上，高樓大廈的電梯移動速度相當快，有些電梯的時速甚至可以達到70km以上。

　　無機房電梯是近年來出現的新型電梯。相較於傳統電梯在屋頂的機房內設置馬達與減速機，無機房電梯使用的是**直驅馬達**（ 參照 ⑧ ）中的**永磁同步馬達**。這種扁平或細長的永磁同步馬達可設置在電梯的升降路徑上，不需要機房，因此這種電梯可設置在地底下等難以設置機房的地方。

44 次世代的主流是磁阻馬達？

AC馬達中的**磁阻馬達**僅靠磁阻轉矩驅動。磁阻馬達的轉子僅由鐵芯構成，而且因為轉子是以磁阻轉矩驅動，所以鐵芯的形狀為凸極狀。定子為三相線圈。將三相線圈通以三相交流電後可產生旋轉磁場，轉子會與旋轉磁場同步轉動，是一種僅靠磁阻轉矩旋轉的同步馬達。近年來，為了與之後 ㊺ 會提到的SR馬達做出區別，也稱這種馬達為**同步磁阻馬達**。

磁阻馬達如第139頁右圖所示，有個凸極轉子，可產生轉矩。不過實際上的轉子形狀更為複雜。

如第139頁下圖所示，轉子內部有許多**細小的圓弧狀狹縫**。狹縫內為空氣，因此磁阻相當大，磁力線難以通過。無狹縫區域則為

鐵，磁阻比較小，磁力線很容易通過。因此磁力線會順著狹縫的形狀彎曲，產生磁阻轉矩。

　　磁阻馬達為同步馬達，因此和永磁同步馬達一樣，必須由感應器與逆變器驅動。永久磁鐵會用到稀土元素等稀少資源，磁阻馬達卻不會用到永久磁鐵，所以**在資源稀缺成為問題的現在，已逐漸成為下個世代的AC馬達主流**。不過，磁阻

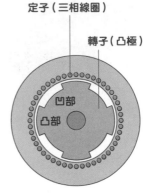

定子（三相線圈）

轉子（凸極）

凹部

凸部

▲ 磁阻馬達的原理

馬達的性能比永磁同步馬達略差一點，目前各研究團隊正在開發新的技術，未來的發展值得期待。

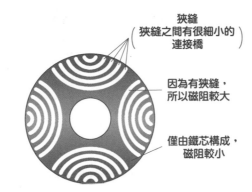

狹縫
（狹縫之間有很細小的
連接橋）

因為有狹縫，
所以磁阻較大

僅由鐵芯構成，
磁阻較小

▲ 同步磁阻馬達的轉子剖面

45 大轉矩的SR馬達

磁阻馬達中的**SR馬達**，定子與轉子皆為凸極狀。不僅轉子為凸極狀，定子也是凸極狀，這點是SR馬達的特徵。SR馬達需以脈衝電流驅動，結構與VR型步進馬達相同。不過SR馬達並不像步進馬達採取步進驅動，而是連續旋轉，所以定子與轉子的極數並不像步進馬達那麼多。SR馬達的名稱是源自**Switched Reluctance**的首字母縮寫。

　　而為了產生磁阻轉矩，SR馬達的定子與轉子的凸極數並不相同。兩者的凸極位置相同時（**對向位置**），磁力線為直線。不過當電流切換到定子上其他凸極（**非對向位置**）的線圈時，磁力線就會彎曲，為了讓磁力線伸直，這個凸極就會轉到對向位置。因此只要連

續切換電流，就能讓馬達持續旋轉。

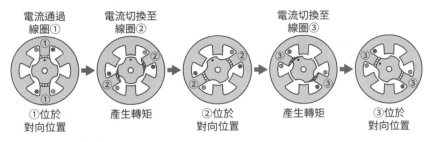

①位於　　　　　　產生轉矩　　　　②位於　　　　　　產生轉矩　　　　③位於
對向位置　　　　　　　　　　　　　對向位置　　　　　　　　　　　　　對向位置

▲ SR馬達的旋轉原理

　　要說明SR馬達產生的轉矩大小，會用到所謂的**磁化曲線**[14]。
電流通過定子的線圈時，線圈累積的磁能大小會隨著線圈與轉子的
位置關係而改變[15]。

　　下圖為電流緩慢增加時磁通量的變化，這就是磁化曲線。磁化
曲線左側的面積表示磁化時累積的磁能大小。

6

更多馬達！各式各樣的馬達

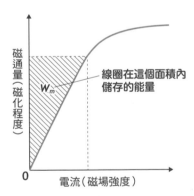

線圈在這個面積內
儲存的能量

W_m

0

電流（磁場強度）

▲ 線圈儲存的磁能

※14　表示磁場強度與磁化程度之關係的曲線。

※15　線圈累積的磁能大小，可以用 $W_m = \frac{1}{2}LI^2$ 來表示。這裡的L為**電感**，表示線圈的性能。電感越
　　　大，磁能就越大。

下圖顯示出凸極的位置關係不同時，磁通量的變化。在對向位置時，定子與轉子之間的氣隙較小，因此電感（參照第141頁附註）較大、磁通量增加，可以累積最多磁能。而當定子遠離轉子的凸極位置時，電感則會變小。到了非對向位置時，磁通量會變得最小。此時，線圈的磁能也會變得最小。這種**因位置造成的磁能差**為轉矩的來源。

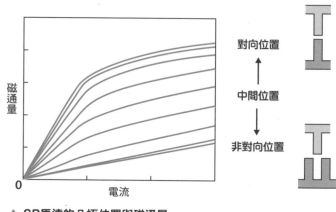

▲ SR馬達的凸極位置與磁通量

由上方的磁化曲線可以看出，在對向位置上，磁通量與電流並不是成正比。這種現象稱作**磁飽和**。當達到磁飽和時，磁場強度與磁通量不會成正比。

通以較大的電流使線圈處於磁飽和狀態，是SR馬達的特徵之一。SR馬達以外的其他馬達若進入磁飽和狀態，電流與磁場的關係會出現變化，所以使用這些馬達時會避免通以過大電流，防止其進入磁飽和狀態。不過，**SR馬達是在達到磁飽和的前提下使用的馬達**，因為這樣才能產生較大的轉矩。

　　電扶梯也是由馬達驅動。電扶梯的地板下有感應馬達。電扶梯多以固定速度運行，但搭乘人潮較多時，有些電扶梯會切換到不同模式，以較快速度運行。

　　以逆變器控制馬達轉速的電扶梯，不僅能調整運行速度，也能減少運行時，速度劇烈改變所產生的衝擊。無人搭乘時，電扶梯會以超低速運作，感應到有人搭乘時，便會慢慢提升速度，盡可能降低速度改變時所產生的衝擊。

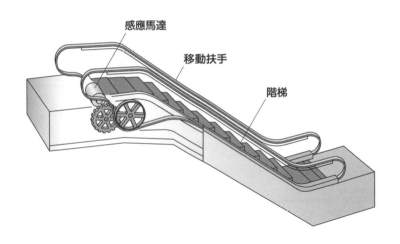

感應馬達

移動扶手

階梯

46

通用馬達為
交流直流通用

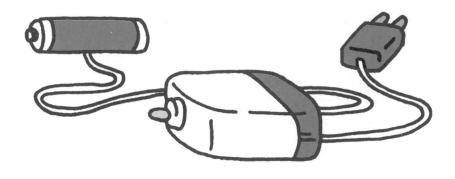

通用馬達可以用交流電驅動，也能用直流電驅動，屬於交直流兩用馬達。這是相當少見的馬達，屬於**串激馬達**，也叫做**交流整流子馬達**。通用馬達的磁場系統線圈與電樞線圈為串聯連接，結構與串聯繞組形式（ **參照** ⑰ ）的DC馬達相同。

　　本節會說明通用馬達的原理。請各位回想前面的內容，我們曾提過**交流電的電流方向會在正負之間變化**（ **參照** ㉙ ）。在第145頁的圖(a)中，上方端子為正電壓，此時的電流方向以箭頭表示。另一方面，在圖(b)中，交流電的正負電壓相反，電流流動方向也會反過來。

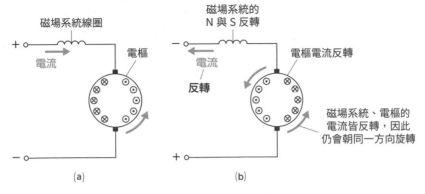

▲ 通用馬達的原理

　　通用馬達的磁場系統為電磁鐵，因此電流方向可決定哪邊是N極哪邊是S極。也就是說，當電流方向相反時，磁場系統的N極、S極也會反轉。通過電樞線圈的電流也會在電刷與整流子的作用之下，隨著交流電的變化而反轉方向。

　　換句話說，磁場與電流都會因交流電的方向變化而一起反轉，所以轉矩會一直保持相同方向。因此即使交流電的方向改變，馬達仍會朝著相同方向旋轉。

　　之所以設計出適用交流電的通用馬達，是為了提升AC馬達的轉速。一般的AC馬達中，轉速最高的是二極AC馬達，但AC馬達的轉速受限於電源頻率（ 參照 專欄10），因此轉速有其上限。

　　日本的電源頻率可粗分為2種，分別是東日本的50Hz以及西日本的60Hz，所以AC馬達在東日本的轉速上限為**3000min⁻¹**，在西日本為**3600min⁻¹**。如果希望AC馬達有更快的轉速，則需要其他增速用的零件。

不過，通用馬達的轉速沒有上限。通用馬達的轉矩特性與串聯繞組DC馬達相同，轉矩與轉速成反比。轉矩越小，轉速越高；負載轉矩越大，轉速越低。

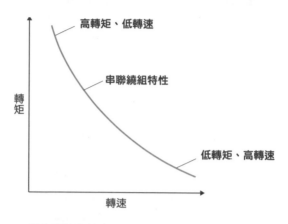

高轉矩、低轉速

串聯繞組特性

低轉矩、高轉速

轉矩

轉速

▲ 通用馬達的轉矩特性

　　通用馬達為不需要增速機的高速AC馬達。通用馬達也可以用直流電驅動，但通常會使用單相交流電。

活躍於大廈與公寓的馬達

　　大廈或公寓等建築物會用到許多馬達。首先，這些建築物會裝設有冷暖氣功能的大型中央空調。**箱型空調**就像家用空調一樣有室外機。不過，大型中央空調除了箱型空調之外還有許多類型，有些採用冷水循環方式，有些則用通風管將冷風送入室內。此外，如果要為整體建築物換氣，需要使用大量風扇。冷暖氣與風扇加起來，才叫做**空調設備**。對於空調設備而言，馬達是不可或缺的零件。

　　控制自動門的自動門機也會用到馬達。自動門機不只負責門的開關，也會控制門不要夾到人。

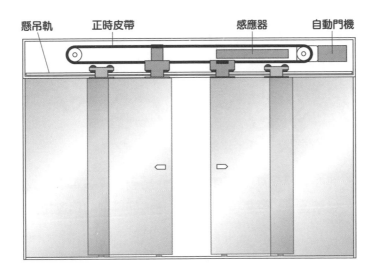

懸吊軌　　正時皮帶　　　　　　　　感應器　　自動門機

　　除此之外，機械式停車場也會用到馬達。在機械式停車場中，車輛必須停在棧板上，這個棧板則由馬達操控其上下左右移動，將其配置在適當位置，以在有限空間內容納最多車輛。

只靠線性馬達是浮不起來的

如果要問哪種常見的馬達還沒有介紹到，應該有不少人會想到**線性馬達**。線性馬達可以想成是**將旋轉型的馬達拉長成直線狀的樣子**。

線性馬達會產生直線方向上的力，是相當於旋轉型馬達之轉矩的**推力**。依照產生推力的原理，可將線性馬達分成**線性感應馬達**、**線性同步馬達**、**線性直流馬達**、**線性步進馬達**等等。每種馬達產生推力的原理皆與旋轉型馬達相同。

定子

轉子

動子

定子

▲ 線性馬達會產生直線上的推力

　　線性馬達是由**定子**與**動子**構成。在旋轉型馬達中，定子為**初級電路**；線性馬達則可分為**動子初級電路型**與**定子初級電路型**。

　　線性馬達不會旋轉，不需要軸承，因此馬達部分可以做得比旋轉型馬達還要小。不過，線性馬達無法使用減速裝置，所以需要強大的推力。

　　使用滑軌的線性馬達裝置，稱作直線導軌。**直線導軌**本身就是機械的一部分，是很常使用的裝置。

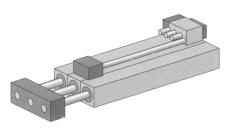

▲ 直線導軌

　　線性馬達車是由線性馬達推進，可分為上浮式線性馬達車與車輪式線性馬達車。線性馬達只會產生推力，要讓車輛浮起來則需要設置其他磁浮線圈。

6

更多馬達！各式各樣的馬達

48 直接轉動負載的直驅馬達

直 **驅馬達**（**DD馬達**）會直接低速轉動負載。一般馬達會設計成以相對較高的轉速旋轉，以提高馬達效率。如果希望負載低速轉動，一般仍會讓馬達保持高速旋轉，再使用減速機降低轉速。減速時可使用齒輪、鏈條、皮帶等等。使用齒輪或鏈條時，需設計名為**背隙**的縫隙。要是沒有這個縫隙，齒輪就無法咬合、轉動。但這個縫隙會產生雜音，並降低能量傳遞效率。使用皮帶則可緊密貼合，不會產生縫隙，不過會造成滑動。

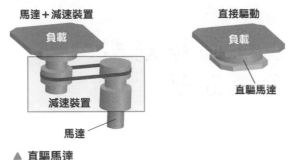

馬達＋減速裝置

負載

減速裝置

馬達

直接驅動

負載

直驅馬達

▲ 直驅馬達

　　直驅馬達可以在低速旋轉下保有很高的效率。因為可以精準控制直驅馬達，即使在低速運轉下效率也不會太差，而且因為沒有背隙，所以不會有噪音與振動。另外，由於不需要減速機，因此可以小型化，優點相當多。

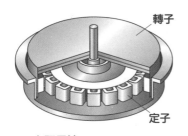

轉子

定子

▲ 直驅馬達

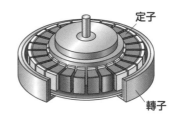

定子

轉子

　　為了要低速旋轉，直驅馬達的極數較多。而且為了輸出較大的轉矩，線圈必須通以較大的電流。因此直驅馬達的輸出比一般馬達大。直驅馬達一般為平坦狀，經常設計成**外轉子形式**（ 參照 ⑫ ）。

　　不過直驅馬達有個缺點，那就是馬達的線圈配置會產生該馬達特有的旋轉波動，而這些波動會直接傳遞給負載。

49

由回饋控制的 伺服馬達

使用伺服方式控制馬達的系統，稱作**伺服馬達**。一個**馬達驅動系統**中，除了馬達本體，還包括了**伺服放大器**（驅動器）、**感應器**等等。

所謂的**伺服控制**是先設定機械各種參數的目標值，如位置、方向、速度、姿態等等，並依照參數變化調整機械的控制方式。伺服一詞源自英文的僕人（**Servant**），表示控制器會發出指示，要求機械依照指示動作。

在物理學中，位置 x 的變化微分後可得到速度，以 $\dot{x}$ 表示；速度的變化微分後可得到加速度，以 $\ddot{x}$ 表示，也就是將運動以微分方程式表示（**參照**專欄25）。欲控制馬達時，加速度相當於馬達的轉

矩。轉矩與電流成正比，所以只要控制馬達的電流，就可以控制
位置（旋轉角度）、速度（轉速）、加速度（轉矩）。綜合這些控制動
作，便能控制所有運動（**運動控制**）。

以前會使用DC伺服與DC馬達，現在則幾乎改用AC伺服。此
外，步進馬達也可用作伺服馬達。

伺服馬達可與伺服放大器合併使用。伺服放大器可比較目標數
值與感應器收到的回饋數值，再依照兩數值的差異調整伺服馬達。
這種**回饋控制**（ **參照** 63 ）不只能依照負載機械的狀態控制馬達運
轉，當負載在外部原因下產生狀態變化，亦即受到**外部干擾**（ **參照**
63 ）時，也能控制馬達保持正常運轉。所謂的外部干擾，包括溫度
變化、振動等負載轉矩的急遽變化。

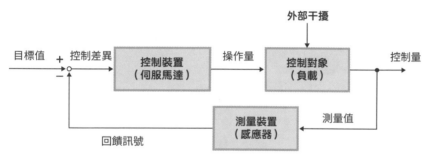

▲ 回饋控制

伺服放大器的運作與性能，和伺服馬達的性能有密切關係。另
外，連接伺服馬達與伺服放大器的線路，不是只有為馬達供電的電
纜，還需要傳遞感應器訊號的電纜。因此，近年來的伺服放大器會
直接裝在伺服馬達內部，形成**一體型伺服馬達**。

50 小而便利的主軸馬達

主軸馬達的馬達部分與欲旋轉之機械（**主軸**）合為一體。在一般馬達中，馬達轉軸與負載的軸相接，或者兩者之間夾著減速機或增速機，整套系統是由多個零件組合而成。另一方面，主軸馬達與欲旋轉之機械合為一體，因此裝置整體可以小型化。主軸馬達一詞是用來描述馬達形狀的用語。不管是感應馬達、同步馬達、無刷馬達等等，都可以做成主軸馬達。

▲ 工作機械的主軸馬達

　　如果像上圖一樣，將馬達設置於工作機械的主軸上，並在旋轉處裝設鑽頭、砥石，便可用來挖洞或切削。主軸馬達可分為無法控制轉速，以商用電源驅動的感應馬達；以及用逆變器控制轉速的馬達。這些馬達在軸向上通常較細長，這是為了在高速旋轉下產生高轉矩。

　　另一方面，CD、DVD之類的光碟、硬碟的驅動等都會用到主軸馬達。此時，轉速與碟片的讀取速度有關，所以需要更高速的旋轉與更為精準地控制。為了將裝置做得更薄，研究人員採用了平坦薄型的馬達。

主軸馬達　　　　　　　　　　　　　磁碟

　　　　　　　　　　　　　　磁性讀寫頭

▲ 硬碟的主軸馬達

　　主軸馬達大多可精準控制，亦屬於伺服馬達的一種。

51 低速卻有大轉矩！齒輪馬達

馬 達與減速機合為一體的馬達，稱作**齒輪馬達**。如果只是一般減速的話，只要控制轉速即可，但這種做法只能讓馬達輸出原本設定範圍內的轉矩。

使用齒輪減速的話，產生的轉矩可比馬達原先設計的轉矩還要大。齒輪馬達的效果，等同於連結馬達及減速機的效果，因此可當作**低速大轉矩的馬達**使用。

減速比會以齒輪比來表示。而減速比的倒數就是轉矩比。也就是說，如果減速成原本的1/10，轉矩就會變成原本的10倍。

依照使用的**齒輪**種類不同，減速機的特徵也不一樣。如果使用**平齒輪**，則為**平行軸輸出**，旋轉方式與馬達平行。如果使用**螺旋齒**

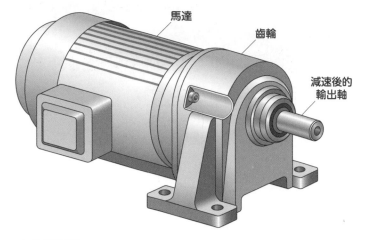

▲ 齒輪馬達

輪，輪齒與輪齒間的咬合較佳，可降低噪音。如果使用**斜齒輪**，可使輸出軸與馬達轉軸呈直角。另外，如果使用蝸桿傳動，可以得到很大的減速比。

　　另外還有行星齒輪、諧波減速機等各種不同的減速機。齒輪馬達就是組合這些減速機與馬達後販售的產品。

平齒輪　　　螺旋齒輪　　　斜齒輪　　　蝸桿傳動

▲ 齒輪種類

52 醫療機器中常使用的超音波馬達

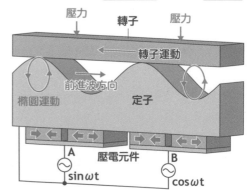

同樣使用磁力，有些馬達卻是用截然不同的原理旋轉，**超音波馬達**就是其中之一。超音波馬達使用**壓電元件**，利用**壓電效應**（**對某些物體施加壓力便會產生電力**）原理運轉。

對壓電元件施加電壓時，壓電元件就會變形。如果改變電壓，壓電元件則會膨脹或是收縮。超音波馬達就是利用這個原理，使壓電元

▲ 超音波馬達的原理

件振動的馬達。

　妥善配置施加正電壓的壓電元件與施加負電壓的壓電元件，可以使壓電元件的陣列上下運動。在這個陣列上放置柔軟有彈性的定子，並讓壓電元件以該定子的固有頻率振動

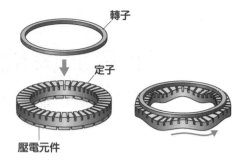

▲ 超音波馬達的結構

就會引發共振，使定子大幅振動。此時，有彈性的定子表面上下振動，而這個振動會在定子表面移動。這個移動的波稱作**前進波**。如果從定子表面壓住轉子，轉子便會因摩擦而朝著前進波的反方向移動。超音波馬達就是利用這個原理使轉子轉動。

　超音波馬達並非使用超音波轉動，而是因為定子的固有頻率位於超音波範圍（20kHz以上）內，因此稱作超音波馬達。超音波馬達主要是使用名為**PZT**的陶瓷壓電元件。

　想讓超音波馬達旋轉，需要使用環狀轉子。超音波馬達產生的轉矩很大，而且不運轉時也有所謂的保持轉矩，為其一大特徵。不過，由於超音波馬達是利用摩擦來轉動，無法避免磨耗，因此無法長期使用。但因為該馬達不使用磁力，不受外界磁場影響，這也是它的一大特徵，所以超音波馬達常用於需要用到強力磁場的醫療機器，如MRI等等。

53 活躍於微機械的靜電馬達

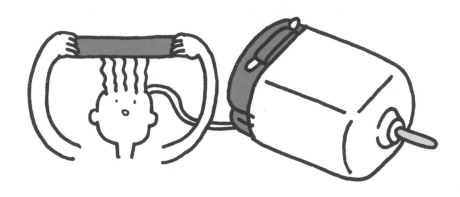

靜電馬達是使用靜電產生的作用力運轉。靜電有正電與負電，2個帶靜電的物體之間可能會互相吸引，或者互相排斥。小孩子在理科教室製作的富蘭克林馬達，就是運用靜電力運轉的靜電馬達。

靜電所產生的力，稱作**庫倫力**。庫倫力的大小並非與電壓成正比，而是與電場成正比。電場越大，可產生越強的力。這裡先來說明什麼是**電場**。電壓會用「100V」、「1.5V」等方式，表示2點間**電位**的差異。也就是2條電線，或是正負端子之間的電位差。另一方面，電場則可表示這個電位差距離多遠，單位為**[V/m]**（伏特每公尺）。在電壓相同的情況下，距離越近，電場越大。換句話說，

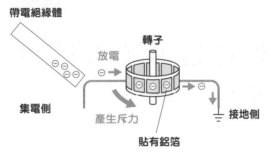

帶電絕緣體

放電

轉子

集電側

產生斥力

貼有鋁箔

接地側

▲ 富蘭克林馬達的原理

尺寸越小，可產生越強的庫倫力。

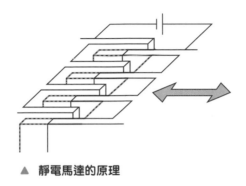

▲ 靜電馬達的原理

　　運用這種原理，可將靜電馬達裝設在微機械上。微機械也叫做 **MEMS**（Micro Electro Mechanical Systems，微機電系統）。製作MEMS 的方式與半導體相同，以矽為材料。一個矽基板上便裝設了電路、感應器、馬達等元件。MEMS中的靜電馬達為十分細小的結構，即使電壓低也能產生很強的電場。一般期望能盡快實現旋轉型的 MEMS靜電馬達，不過目前使用的靜電馬達以來回運動或直線運動為主，多作為致動器使用。

54 過去曾廣泛使用的各種馬達

如同本書前面提到的，馬達可以依照用途、原理、發明者等分類。即使是同一個馬達，在不同的分類基準下，也可能會有不同的名稱。前面介紹的主要是目前仍在使用的馬達，不過以前也曾存在各種不同名稱的馬達。這裡會簡單整理那些現在已不被使用的馬達，以及現在仍在使用但本書沒有詳細介紹的馬達（見第163頁的表）。

隨著材料與製造方法的進步，過去不常被使用的產品可能會突然受到矚目。這裡介紹的馬達可能會在某天突然復活喔。

▼ 各式各樣的馬達

名稱	特徵
感應子馬達	結構類似HB型步進馬達，以單相交流電驅動的馬達，可以低速運轉。
罐裝馬達	為了在液體內使用，將線圈做成罐頭狀的馬達。
離合器馬達	位於離合器內的馬達。
起重馬達	屬於繞組型感應馬達，用於起重機，可承受較高的開關頻率，產生的熱較少，而且有2個軸。
錐狀轉子馬達	轉子為圓錐形的感應馬達，吸引力可用於制動。
閘流體馬達	可透過閘流體控制電壓的繞組型同步馬達。可透過感應器控制閘流體電路，因此屬於不需要電刷的大容量無刷馬達、無整流子電動機。
施拉吉馬達	三相並聯繞組交流整流子馬達。轉子上有2個繞組，一個繞組透過滑環從電源獲得電流，另一個繞組則與整流子相連，整流子上有2組可調整位置的電刷。調整電刷間隔即可控制轉速，擁有並聯繞組特徵的AC馬達。
啟動馬達	啟動引擎用，由串聯繞組DC馬達與減速機合為一體的馬達。
定時馬達	1W以下的單相同步馬達，常用於控制時間。
特殊鼠籠型馬達	為了提高感應馬達的啟動性能，將鼠籠型導條設計成特殊形狀的馬達。
轉矩馬達	鼠籠型感應馬達，轉子的電阻較大，可透過控制電壓，控制其轉速在較廣的範圍內變動。
密封型馬達	空調或冰箱的壓縮機內部使用的馬達。因為會接觸到冷媒，所以需要使用特殊方式絕緣。
推斥馬達	單相繞組型感應馬達，啟動運轉時會使整流子短路。啟動轉矩比較大。
磁滯馬達	單相同步馬達。利用磁性體轉子的磁滯特性產生轉矩。有啟動轉矩，因此可自我啟動。
聲動馬達	唱片播放機使用的馬達，將旋轉波動、振動等抑制在最低。
制動馬達	制動器內的馬達。
音圈馬達	使用永久磁鐵做出來回振動的一種線性馬達。利用揚聲器原理製成，因此稱作音圈（揚聲器內的線圈）。
極數變換馬達	繞組結構特殊，可改變極數的感應馬達。
微型馬達	3W以下的無槽DC馬達。
感應同步馬達	於永磁同步馬達的轉子設置鼠籠型導體，使其以感應馬達的方式啟動，再以同步馬達的形式轉動。
反應式馬達	一種磁阻馬達。
Warren馬達	於輸出軸設置減速比很大的減速齒輪，兩極設計成蔽極線圈的磁滯馬達。單相，可以超低速運轉。

當我們想控制馬達運轉時，必須考慮到**運動方程式**這個基本概念。運動方程式如下所示。F為力、m為運動物體的質量、α為加速度。

$$\overset{\text{力}}{F} = \overset{\text{加速度}}{m \; \alpha}$$
$$\underset{\text{運動物體的質量}}{}$$

位置對時間微分後（每秒位置變化）可得到速度。速度對時間微分後（每秒速度變化）可得到加速度。以x表示位置，可以得到以下式子。

速度　　　$v = \dfrac{d}{dt} x = \dot{x}$

加速度　　$\alpha = \dfrac{d}{dt} v = \dfrac{d^2}{dt^2} x = \ddot{x}$

而在控制馬達時，旋轉角度θ對應到上式的位置x，轉速ω對應到速度v，轉矩T對應到加速度α。下方式子中的轉速與轉矩，與上方式子中的速度與加速度有相同形式。

轉速　　　$\omega = \dfrac{d\theta}{dt} = \dot{\theta}$

轉矩　　　$T = \dfrac{d\omega}{dt} = \dfrac{d^2\theta}{dt^2} = \ddot{\theta}$

所謂的控制馬達，實際上是調整馬達的轉矩。下達指令控制馬達的轉速、位置等等，基本上就是在控制馬達的轉矩，也就是控制馬達的電流。

另外，在馬達的世界中，有時會將轉速稱作速度，但要注意這裡的速度並不是直線速度v。

7 有助於
挑選馬達的
知識

為了幫助讀者更易於理解,前面的章節中,省略了許多用語的詳細解說。在 Chapter 7中,我們會仔細說明這些用語,讓各位能夠依照自己的需求,選擇欲使用的馬達。

55 試著將馬達
直接接上電源

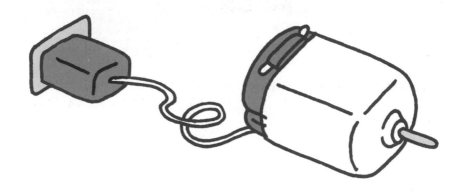

如 果馬達要直接接上乾電池或是插入插座，必須依照電源的種類，選擇DC馬達或AC馬達。事實上，確實有許多馬達會直接接上電源。

以乾電池驅動的小型馬達，多為DC馬達中的**永久磁鐵DC馬達**。例如模型用馬達就是這種馬達。只要改變端電壓，DC馬達的轉速就會跟著改變，如果以乾電池為電源，那麼只要改變乾電池的串聯數目就可以改變轉速。

另外，如果將DC馬達兩端連接的電極對調，馬達就會反方向轉動。也就是說，如果乾電池的正負極反過來接，馬達就會反方向轉動。

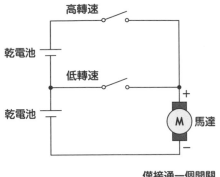

僅接通一個開關

▲ 改變DC馬達的轉速

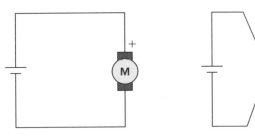

▲ 讓直流馬達反方向轉動

使用DC馬達時,必須注意電壓。不同種類的乾電池或其他電池,電壓也不一樣。使用1.5V乾電池的DC馬達與汽車內使用12V電瓶的DC馬達,可以說是完全不同的東西。

如果要直接插入插座,因為插座為單相交流電,所以需要使用AC馬達中的**單相感應馬達**。單相感應馬達的轉動方向是由馬達的內部結構決定,所以即使將插頭左右反過來插入插座,馬達的旋轉方向也不會改變。另外,除了特殊的馬達之外,一般的單相感應馬達無法調整轉速。

如果是以三相交流電為電源的工廠或商店,可使用AC馬達中的**三相感應馬達**。三相交流電是由3條相線供應電力,若調換任意2條相線,三相感應馬達便會反方向轉動。三相交流電源的3個相

一般稱作R、S、T。而三相感應馬達的端子的相,則稱作U、V、W。如果想讓馬達反向轉動,只要交換其中一組接線即可。

如下圖所示,不管是交換哪一組接線,馬達都會反向轉動。這個過程稱作**改變相序**。

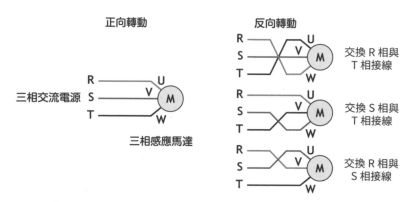

▲ 改變三相感應馬達的轉動方向

使用三相交流電源時,無法直接調整感應馬達的轉速。如果要調整轉速,必須加裝**逆變器**等控制用機器。

不管是AC馬達還是DC馬達,如果直接接上電源,就只能透過開關的ON與OFF調整其轉動與否。如果要調節馬達轉速或其他細部參數,則必須透過其他方式才行。

56 如何判斷馬達的性能？

7

有助於挑選馬達的知識

馬達轉動負載的時候，馬達所真正耗費的力量稱作輸出。如同 Chapter 1 中提到的，輸出[W]為轉速與轉矩的乘積。也就是說，轉矩相同時，轉速越高，輸出越大。輸出表示馬達的轉動狀態，也可用於比較馬達的強弱。

第170頁的圖列出了2個馬達的**轉矩特性**，呈現出特定轉速下可輸出的最大轉矩（**負載的轉矩特性：** 參照 ⑩ ）。

這張圖列出了2個馬達，分別是轉矩特性為**最大轉矩2倍、最高轉速1/2倍**的馬達，以及轉矩特性為**最大轉矩1/2倍、最高轉速2倍**的馬達。一般來說，馬達在最高轉速下很難產生最大轉矩。大部分馬達都有輸出固定的特性，就像這張圖一樣，右上方會缺一

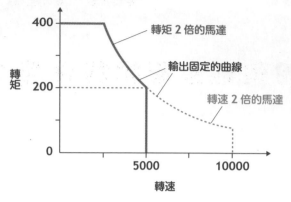

▲ 轉矩與轉速的關係

角。右上方的曲線表示輸出固定，而這個輸出值稱作**最大輸出**。也就是說，這2個馬達的最大輸出相同。如果使用齒輪讓2個馬達以相同轉速轉動，那麼2個馬達的表現將完全相同。由此可知，輸出無法顯示出馬達的所有特性。

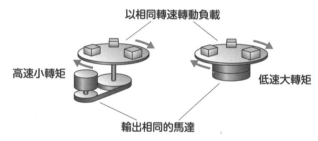

▲ 輸出無法顯示出馬達的所有特性

另一方面，轉矩與電流成正比。DC馬達自不用說，AC馬達也會符合這個規則。轉矩越大的馬達需要越大的電流，馬達的尺寸也會比較大。

不過，馬達在旋轉的時候，會產生與轉速成正比的**感應電動勢**（ **參照** ⑦ ）。不同馬達的電動勢常數也不一樣，因此無法直接做比較，不過感應電動勢會與轉速成正比。這與⑥1中會提到的馬達控制有很密切的關係。

另外，我們可以用效率來表示馬達的性能。效率為**輸出[W]**與**輸入電力[W]**的比。馬達的輸入電力[W]（消耗電力）為馬達的輸出加上馬達運作時產生的損失。馬達之所以會產生損失，是因為一部分的輸入電力轉變成了馬達發熱時散逸的熱能。在馬達產生的損失中，大部分為**銅損**與**鐵損**。

$$效率 = \frac{輸出}{輸入} \times \frac{輸出}{輸出 + 損失} \times 100[\%]$$

電流通過線圈時
產生

軸承的摩擦、
空氣阻力等

$$損失 = 銅損 + 鐵損 + 機械損$$

鐵芯因磁力而產生

　　電流通過馬達線圈時，線圈的電阻會使線圈發熱，這就是所謂的銅損。這裡的發熱為**焦耳熱**，發熱量與電流平方成正比。因為是由銅製線圈產生的熱，所以稱作銅損。

　　鐵芯內部的磁場變化時會產生磁力上的損失，這就是鐵損。鐵損的生成機制很多，會因為頻率與電壓的不同而改變。因為是在鐵芯內生成，所以稱作鐵損。

　　此外，空氣阻力或摩擦等機械性原因也可能會產生損失，稱作**機械損**。機械損通常不大，所以不會對馬達效率造成嚴重的影響。如果要提升馬達效率，必須設法避免這些損失。

⑦

有助於挑選馬達的知識

57 轉矩與電流成正比，轉速與電壓成正比

馬達的**轉矩與電流成正比**，這是馬達的基本性質之一。另外，如果馬達的轉矩比負載需要的轉矩還要大，馬達就會加速並提升轉速（ **參照** ⑩ ）。也就是說，**控制電流就能改變轉矩，也能控制轉速**。

不過我們還需要考慮另一個基本性質，那就是**感應電動勢與轉速成正比**。從外部經由馬達的端子施加電壓使馬達轉動時，內部產生的感應電動勢也會產生逆向電壓。這表示，如果要讓電流通過馬達，就必須從外界施加比感應電動勢更高的電壓。

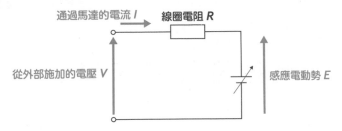

▲ 通過馬達的電流

上圖為一個簡單電路中的馬達。由電路的性質可以知道，通過馬達的**電流I**，會與「從外部施加之**電壓V**及**感應電動勢E**的差」成正比。此時，由歐姆定律可以得到電流大小與線圈**電阻R**大小的關係如下。

$$電流[A] \quad I = \frac{\overset{\text{電壓[V]}}{V} - \overset{\text{感應電動勢[V]}}{E}}{\underset{\text{電阻[Ω]}}{R}}$$

這表示，**馬達的轉速與電壓成正比**。在通以相同電流，產生相同轉矩的情況下，如果要改變轉速就需要調整電壓。

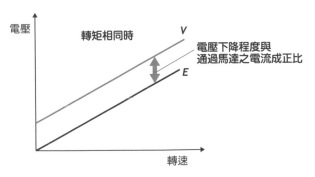

▲ 馬達轉速與電壓的關係

雖然這裡是以DC馬達為例說明，不過AC馬達的情況基本上也一樣。轉矩與電流成正比，轉速與電壓成正比。不過控制AC馬達的轉速時，還需要考慮到頻率。

馬達要如何節能？

若能控制馬達轉速，便可達到很大的節能效果。而節能效果最大的機械是風扇、泵浦等**流體機械**。所謂的流體機械，指的是處理空氣、水等流體的裝置總稱。

風扇與泵浦無法靠開關的ON與OFF連續性調節流量。這表示我們需要使用控制馬達以外的方式來調節流量。一種方式是在流體的通路上設置隔板，增加流體通過的難度。只要改變隔板的角度就能調節流量。但若採用這種方式，即使流量減少，馬達的運轉狀態也不會有太大的變化，馬達消耗的電力並不會減少。

另一方面，如果採用改變馬達轉速的方式調節流量，就可省下大量電力。像是風扇或泵浦等流體機械，轉矩與轉速平方成正比。

馬達的輸出為**轉矩×轉速**，所以流體機械的馬達輸出會與**轉速×轉速×轉速**成正比。舉例來說，如果轉速變為**1/2**，那麼馬達的消耗電力會變成 $\frac{1}{2} \times \frac{1}{2} \times \frac{1}{2} = \frac{1}{8}$。因此，這類流體機械多會設計成由轉速控制其流量。

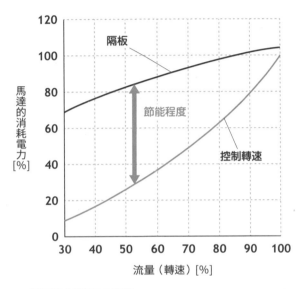

▲ 透過控制轉速來節能

不過就一般馬達而言，**降低轉速就表示降低效率**。在馬達產生的損失中，有些損失與轉速有關，有些損失與轉速無關。如果降低轉速使馬達輸出降低，那麼與轉速無關的損失占所有損失的比例就會增加。所以近年來，一般越來越常使用「即使轉速下降，效率也不會降低太多」的永磁同步馬達。

59 用截波器改變直流電的電流與電壓

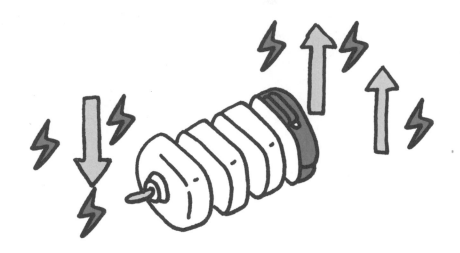

截波器是一種電力電子電路，可改變直流電的電壓。截波器的輸入與輸出都是直流電，可以用來控制DC馬達。

截波器是透過反覆切換開關的ON與OFF來截斷電壓。截波器的英文chopper就是切斷的意思。截波期可藉由ON時間與OFF時間的比例調整輸出電壓。截波器可以分成降低電壓的**降壓截波器**，以及提升電壓的**升壓截波器**。馬達的控制常會用到降壓截波器。

以截波器控制電壓時，電流也會隨之改變。輸入截波器的直流電力為**電壓×電流**。截波器不會改變電力，所以當我們用截波器把電壓降至原本的**1/2**時，輸出電流會變成輸入電流的**2倍**。實際上

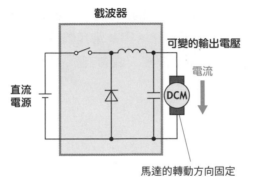

截波器

可變的輸出電壓

電流

直流
電源

DCM

馬達的轉動方向固定

▲ 用截波器控制DC馬達

截波器輸出電流的大小，是由電壓改變時的馬達運作狀態決定。

　　用一般截波器調節永磁DC馬達的電壓時，可以控制馬達的轉速與轉矩。但這種方式無法改變馬達的轉動方向。如果要改變馬達的轉動方向，需要能夠改變電流方向的截波器。

　　此時會用到有4個開關的**H橋**電路截波器。H橋的4個開關兩兩一組，同組開關會同時ON、同時OFF。如下方的圖所示，S_1與S_4一組，這組開關ON與OFF時，可以發揮截波器的功能，此時S_2與S_3保持OFF，馬達的電流方向為往右。相反的，如果變動的是S_2與S_3這組開關，馬達的電流方向為往左，轉動方向也會反過來。

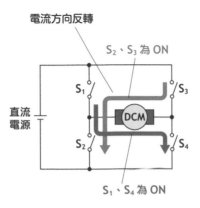

電流方向反轉

S_2、S_3 為 ON

S_1

S_3

直流
電源

DCM

S_2

S_4

S_1、S_4 為 ON

▲ 以H橋電路反轉電流方向的
　截波器

並聯繞組形式與雙繞組形式的DC馬達（ 參照 ⑰ ），磁場系統與電樞（ 參照 ⑰ ）使用不同電路。因此當我們想控制馬達運作時，可於2個電路之間擇一設置截波器，或者2個電路皆設置截波器。

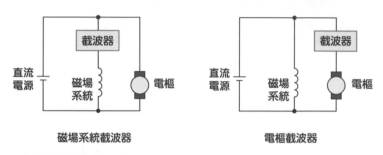

磁場系統截波器　　　　　　　　電樞截波器

▲ 磁場系統截波器與電樞截波器

60 用逆變器控制馬達的轉速

使用交流電來驅動的AC馬達，轉速與電流頻率成正比（**參照** ㉜）。**逆變器**可以控制交流電的頻率與電壓。以逆變器控制AC馬達是很常見的做法。

如果是感應馬達的話，只要在馬達與三相交流電源之間設置逆變器，就能夠透過**V/f控制**（**參照** ㊵）控制轉速。以這種方式控制馬達的逆變器，稱作**VVVF逆變器**。VVVF為**Variable Voltage Variable Frequency**的簡稱。

泛用逆變器是一種可控制三相感應馬達的逆變器。「泛用」這個名字，代表這個逆變器可以控制一般的感應馬達。泛用逆變器可設置於三相交流電源與馬達之間，這樣便能控制感應馬達的轉速。

▲ 用泛用逆變器控制感應馬達

　　另一方面，接上逆變器的3條電力線，不能保證同步馬達能夠順利轉動。就同步馬達而言，如果交流電所產生的**旋轉磁場**（**參照** ㉚）與實際的轉動沒有同步的話，就不能順利運轉（**參照** ㉛）。也就是說，靜止的同步馬達即使突然接上商用電源也不會啟動。

　　不僅永磁同步馬達如此，繞組型同步馬達也一樣。如果轉動中的同步馬達的轉速與逆變器的輸出頻率相差過大，就會**脫出同步**，馬達會逐漸減速最後停止。因此以逆變器驅動同步馬達時，需要能感應馬達轉速的感應器，並依照實際馬達的轉速，控制逆變器的輸出頻率。所以需要用到**回饋控制**（**參照** ㉓）。回饋控制可逐漸提升馬達的轉速。

　　另外，當同步馬達的轉速稍微偏離同步轉速時，同步馬達會產生名為**引入轉矩**的力量，使馬達恢復到同步轉速。

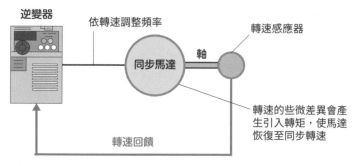

▲ 以逆變器控制同步馬達

這裡所提到的同步馬達轉速回饋控制，與永磁同步馬達的控制（ **參照** ㉟ ）稍微有些不同。 ㊱ 中有提到「不是轉速的回饋控制，而是旋轉角度的回饋控制」。換句話說，永磁同步馬達採用的是**向量控制**（ **參照** ㊶ ）。不過只靠轉速的回饋控制，也能控制轉速。但這樣的話，外部干擾或負載的變動，便容易造成馬達脫出同步。

61 為什麼可以用逆變器產生交流電？

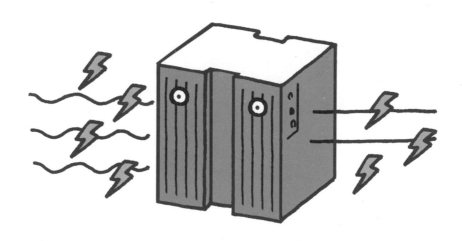

嚴格來說，逆變器是「**將直流電轉換成交流電的電路名稱**」。不過，我們一般會把**含有這種電路的裝置**也稱作逆變器。另一方面，將交流電轉換成直流電的整流電路或是裝置，則稱作**整流器**。這裡就來說明**逆變器電路**的原理。

　　欲將直流電轉換成交流電，必須讓2個開關同步切換，使電流方向來回切換。如第183頁的圖所示，當S_1連接到**1'**時，S_2亦連接到**2'**。使這2個開關在（**1', 2'**）與（**1'', 2''**）之間切換，而且切換的時間間隔保持一定。當2個開關連接到（**1', 2'**）時，通過電阻的電流往下流動；連接到（**1'', 2''**）時，電流往上流動。如第183頁的圖(a)所示，通過電阻的電流方向來回切換，電壓也會正負

換。因為電流方向會來回變換，所以這可以說是交流電。這就是逆變器的原理。

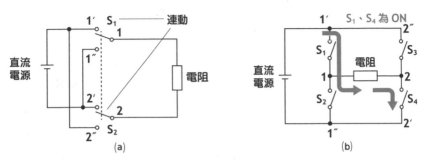

▲ 逆變器的原理與電路

　　實際的逆變器會使用電晶體等半導體開關製作。半導體開關可以切換ON與OFF，卻無法切換連接的電路。所以S₁這個切換電路的開關，在半導體電路中是由「切換1'的ON與OFF」與「切換1"的ON與OFF」這2個半導體開關構成，也就是使用先前說明過的H橋來建構半導體開關。在上圖(b)中，若S₁與S₄為ON，則電流往右流動；若S₂與S₃為ON，則電流往左流動。這樣便可做到與切換電路之開關相同的效果。此時電阻的電壓與電流如下圖所示。

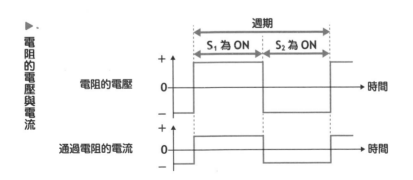

上述方式可以將直流電轉變成交流電，但電阻的電壓與電流並不是正弦波。這種交流電的波形稱作**方波**。如果希望逆變器輸出正弦波的交流電，則必須進行**PWM控制**（ 參照 ⑩ ）。經高速的PWM控制後，可以讓馬達的電流波形逼近正弦波。

前面說明的是**將直流電轉換成單相交流電的原理**。如果要驅動三相AC馬達運轉，必須將電源轉換成**三相交流電**（ 參照 ㉙ ）才行。將直流電轉換成三相交流電時，需要使用下圖左方的**三相橋**。上下開關為一組，同一組開關交互開啟。例如當S₁為ON時，S₂為OFF。這3組開關的ON與OFF可分別產生一個交流電波形，而這3個交流電波形會兩兩錯開1/3個週期。這樣便能夠輸出三相交流電，驅動三相交流馬達。此外，還能以PWM方式控制電流，輸出正弦波的三相交流電。

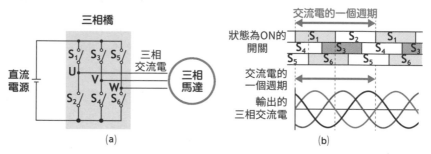

▲ 三相逆變器的結構與運作方式

工廠中到處都是馬達

　　顯而易見，工廠內有許多馬達。接著就讓我們來介紹其中幾種馬達。

　　車床可以轉動欲加工的材料，再從旁用刀刃對材料進行切削。改變馬達的轉速便可調節車床的切削程度，師傅會一邊加工，一邊微調馬達。如果是自動控制的車床，則需要電腦與高精度的伺服馬達協助操控。

　　機械手臂可說是馬達的聚合體。要讓一台機械手臂自由轉動，至少需要6個馬達，使手臂與手腕這2個部分，分別能做出旋轉、前後移動、上下移動等動作。可動關節也需要裝設馬達，這些馬達必須尺寸小、重量輕，但要能輸出很大的轉矩。

　　我們不只要控制機械手臂移動到特定位置，還要控制它依照特定路徑（**軌跡**）移動，因此需要高精度的伺服馬達。依照需要的性能，可能還要分別使用齒輪馬達、直驅馬達等等。

　　在工廠內**移動物體**時也會用到馬達。起重機會用感應馬達移動或吊起物體。為了避免被吊起的物體晃動，需要進行細微的控制。起重機的啟動、停止頻率很高，因此有時會使用馬達溫度不容易上升的繞組型感應馬達。

7

有助於挑選馬達的知識

62 瞭解逆變器裝置的運作機制

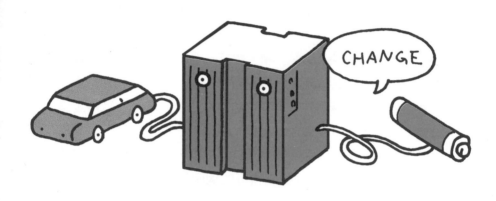

前 面說明了什麼是逆變器電路，接著來說明**逆變器裝置**。逆變器裝置是使用逆變器電路的電源裝置，可改變電力的形狀。逆變器裝置可輸入任何形狀的電力。如果**輸入的是直流電**，可直接輸入至逆變器電路。電動車使用的是電池等直流電，就是使用這種逆變器裝置。如果**輸入的是交流電**，則需要整流器電路。整流器電路可以將交流電轉換成直流電，一般家電接的是單相交流電，必須使用單相整流器電路。

另外，逆變器的輸出也分為許多種類，包括單相交流、三相交流，以及大容量馬達所使用的六相交流等**多相交流電**。也就是說，只要有對應的逆變器裝置，不管輸入的是什麼樣的電力，逆變器裝

置都可輸出任何一種交流電。另外，小型馬達的逆變器常與馬達合為一體，外觀上看不出有沒有使用逆變器。

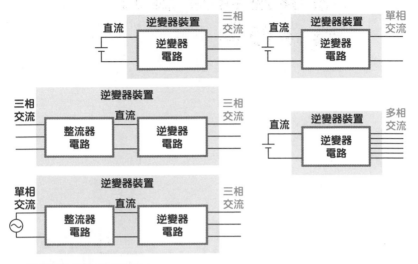

▲ 逆變器裝置的輸入與輸出

　　逆變器不只用於驅動馬達，也可作為交流電源使用。太陽能板發電所產生的電力為直流電，因此需要透過逆變器轉換成交流電。風力發電在風速改變時，發電頻率也會跟著改變，因此需要透過逆變器將電力轉換成固定頻率再送出。這種逆變器可輸出固定頻率與電壓的電力，稱作**CVCF逆變器**。CVCF為**Constant Voltage Constant Frequency**之簡稱。

63 瞭解回饋控制的運作機制

我們在 ⑥⓪ 中已經提過，同步馬達需要透過回饋控制方式來控制其運轉。這裡讓我們進一步說明什麼是回饋控制，並介紹其他會用到回饋控制的馬達。

充分瞭解馬達的特性，施加電壓於端子，就能控制馬達依照設定的轉速與轉矩轉動。不過，如果負載的狀態出現變化，便無法保證馬達能以相同的狀態運轉。所謂負載狀態的改變，例如「風扇轉動時，突然吹來逆向的風」、「行駛時壓到石頭」等等。此時，馬達的轉矩沒有改變，負載的轉矩卻會突然改變，因此轉速也會跟著變化。這就是所謂的**外部干擾**。

如果希望在出現外部干擾的情況下，馬達仍然能以相同狀態運

轉，就需要用到**回饋控制**。回饋控制中的感應器可檢測馬達的某種狀態，再發出訊號調節馬達的運轉。

舉例來說，如果想讓馬達的轉速保持在固定數值，就必須使用**轉速感應器**。轉速感應器可將馬達轉軸的轉速轉變成訊號發出。當外部干擾造成轉速出現些微變化時，感應器可檢測出這些變化，再適當地調節轉矩，使轉速回復到設定的轉速。也就是說，感應器的檢出值可回饋至控制器，使實際值與設定值的差歸零。

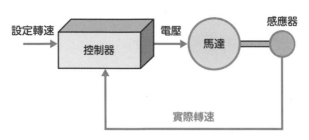

▲ 轉速的回饋控制

控制馬達轉矩時，必須控制其電流。此時便需要使用**電流感應器**，將電流訊號回饋給控制器。因為會用到「轉矩與電流成正比」這個馬達的性質，所以需要透過對象馬達的轉矩常數來控制該馬達。

馬達的控制大都需要用到逆變器或截波器。不過，截波器是控制電壓的電路，而逆變器在轉速保持固定的情況下，控制的也是電壓，兩者皆無法直接控制電流。所以需要電流感應器回饋電流的數值，再依照電流的差異調節電壓，才能改變電流至適當的數值。

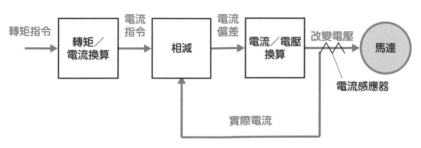

▲ 控制馬達轉矩

這種回饋控制稱作**閉環控制**。相對於此，非透過回饋的控制作用，稱作**開環控制**。因為不存在「控制迴圈」，就好像打開的環一樣，所以這麼稱呼。

回饋控制
依溫度控制加熱器的ON與OFF

開環控制
經過一定時間後就改變燈號

▲ 回饋控制與開環控制的例子

64 制動器上的馬達

電流通過馬達時會產生轉矩，而在馬達轉動物體的同時，也會產生**感應電動勢**。有感應電動勢就相當於有外力在轉動馬達轉軸，使馬達能發電。馬達的原理與發電機完全相同（**參照** ⑦）。接上電池就能當作馬達使用，而從外部轉動馬達轉軸，就能當作發電機為電池充電。

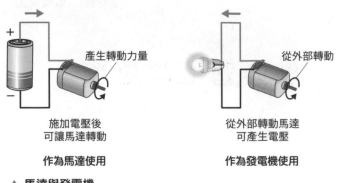

施加電壓後
可讓馬達轉動

作為馬達使用

從外部轉動馬達
可產生電壓

作為發電機使用

▲ **馬達與發電機**

　　有些馬達確實可作為發電機使用，例如某些**制動器**。電車車廂的行駛動力來自馬達，而馬達的電力來自電源。

　　假設在車廂行駛的過程中，將馬達的外接線路從電源切換到電阻。那麼就不會有電流通過馬達，馬達也不會產生轉矩。不過，車廂仍會以一定速度繼續前進。車廂前進時會轉動馬達，使馬達產生**感應電動勢**（ **參照** ⑦ ）。也就是說，此時的馬達會轉變成發電機，而感應電動勢會產生電流，通過電阻。

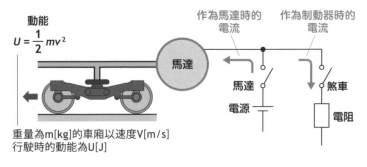

動能
$U = \dfrac{1}{2}mv^2$

作為馬達時的
電流

作為制動器時的
電流

馬達

馬達

電源

煞車

電阻

重量為m[kg]的車廂以速度V[m/s]
行駛時的動能為U[J]

▲ **電制動**

在發電狀態下，馬達會**將動能轉換成電能**，因此會產生反方向轉矩，即**停下車廂的轉矩**，發揮制動的功能。

制動的動力來自能量轉換。剛煞車時，車廂仍在前進，因此保有動能。由**能量守恆定律**[※16]可以知道，如果不把動能轉換成其他能量，車廂就不會停下來。此時，如果電阻有電流通過，電阻便會發熱，**將動能轉換成熱能**。所以這種制動器也叫做**電制動**或**電阻制動**。常見的摩擦制動，也是透過摩擦將動能轉換成熱。

將馬達用於制動時，產生的電能可直接為電池充電，也可回流至電源線，用在其他需要電力的地方，這個過程稱作**再生**。電車、電動車都會使用**再生制動**，以有效運用能量。

※16 物理學的定律。能量即使轉換型態，轉換前後的能量總量也不會改變。

65 啟動馬達的技術

不 管是DC馬達或是AC馬達，只要用電力電子元件（ 參照 ㉟ ）
控制，就能讓它緩慢啟動、逐漸加速。不過，如果馬達沒有
直接接上電源，中間還有開關的話，就得在馬達的啟動上多下一點
工夫。

　　開關轉為ON的瞬間，馬達與電源會直接相連。也就是說，電
源的電壓會直接施加在馬達上。不過，此時馬達還不會轉動。亦即
感應電動勢為零。此時通過馬達的電流會碰上的電阻，僅有電阻很
小的線圈，因此電流會相當大。這個電流叫做**啟動電流**。

　　一般來說，啟動電流為正常運轉需要之電流的**5～10倍**。如此
大的電流會在啟動的瞬間通過馬達。

▼ 馬達的啟動方式

馬達種類	啟動方式	概要	電路圖範例
DC馬達	切換電阻 （notch）	與電阻串聯，啟動時將開關切換至電阻	開關　直流電源　電阻　馬達
AC馬達	Y－Δ啟動	三相馬達於啟動時，接線為Y形接線，加速後切換成Δ形接線	Y形接線　Δ形接線　三相交流　對2個線圈施加電壓　對一個線圈施加電壓
	啟動補償器	以單繞組變壓器切換電壓	交流電源　AC馬達　單繞組變壓器
	電感方式	在電源與馬達之間接上電感	開關　電感　交流電源　AC馬達
	緩啟動器	使用閘流體，讓電壓在啟動時緩慢上升	閘流體　交流電源　AC馬達

一定規模以上的馬達，啟動電流會對電源或是配線造成不良影響。舉例來說，馬達啟動的瞬間，與馬達相連之電源線的電壓會下降。這會造成燈光突然暗下來，或者其他機器暫停運轉。一般會使用**啟動裝置**來避免這些不良影響。不同種類的馬達，適用的啟動裝置也不一樣。

啟動裝置**可以在啟動馬達時，降低施加在馬達上的電壓**。例如僅在啟動時讓機器與馬達串聯、改變馬達內部的配線方式等等，方法有很多。各種方法如第195頁的列表所示，詳細情況請參考專業書籍。

啟動電流下降時，啟動時的轉矩也會下降，降低開始運轉時的加速力道，讓馬達緩慢加速。也就是說，啟動時機械所承受的衝擊較低。這是啟動裝置降低啟動電流所產生的另一個效果。另外還有所謂的**全電壓啟動方式**，此為不使用啟動裝置的啟動方式。

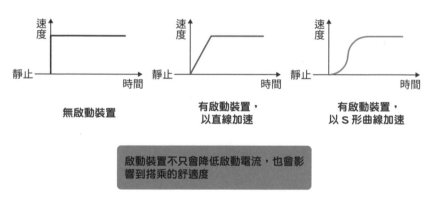

無啟動裝置

有啟動裝置，
以直線加速

有啟動裝置，
以 S 形曲線加速

啟動裝置不只會降低啟動電流，也會影響到搭乘的舒適度

▲ 啟動裝置的有無與加速方式

有時候我們會想確認馬達實際運轉時,輸出為多少W,效率為多少%。

只要有測定器,就能測出馬達的電流與消耗電力是多少。如果可以從外部看到轉軸,便可用光學式轉速計測定馬達的轉速。較難測定的是**馬達的輸出**。如同前面內文提到的,馬達的輸出可由**轉矩×轉速**求出。知道運轉中的馬達轉矩是多少,就能求出它的輸出是多少。

運轉當中的馬達會轉動負載。這表示馬達轉動負載的力量(**轉矩**),與負載阻止馬達轉動的力量(**負載轉矩**)相等。馬達會輸出扭動轉軸般的力量。如下圖所示,馬達製造工廠在測定馬達的轉矩時,會在馬達與制動器之間設置一個可以扭轉的物體。這個東西可以檢出扭轉力量的大小,以測定馬達的轉矩。所以在測定轉矩時,馬達與負載之間需要能檢測轉矩的**扭轉檢測裝置**。

不過,除了特殊用途的馬達之外,一般馬達不會有這種為了檢測轉矩的扭轉檢測裝置。要測定實際運轉中的馬達轉矩,幾乎是不可能的任務。

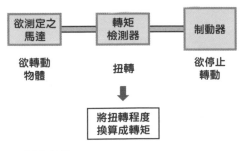

▲ 測定轉矩

INDEX

11～15劃

〈作者簡歷〉

森本雅之

MoriMotoR Lab.代表。工學博士。電氣學會會員。

日本東海大學前教授（2005年～2018年）。

曾於三菱重工業負責馬達與電力電子學的研發工作（1977年～2005年）。

著作包括《馬達設計入門（入門 モータ設計）》、《開始學習電力電子學（はじめてのパワーエレクトロニクス）》、《馬達控制入門（入門 モータ制御）》（皆由森北出版），中文譯作則有《世界第一簡單馬達》（世茂出版）、《電力電子學圖鑑》（東販出版）。

超圖解馬達技術入門

從馬達的種類、運轉原理到應用方式，
一本完整掌握！

日文版工作人員
插圖　　加納 德博
內文設計　上坊 菜々子

2024年1月10日初版第一刷發行

作　　　者	森本雅之
譯　　　者	陳朕疆
主　　　編	陳正芳
發 行 人	若森稔雄
發 行 所	台灣東販股份有限公司
	＜地址＞台北市南京東路4段130號2F-1
	＜電話＞(02) 2577-8878
	＜傳真＞(02) 2577-8896
	＜網址＞www.tohan.com.tw
郵撥帳號	1405049-4
法律顧問	蕭雄淋律師
總 經 銷	聯合發行股份有限公司
	＜電話＞(02) 2917-8022

國家圖書館出版品預行編目 (CIP) 資料

超圖解馬達技術入門：從馬達的種類、運轉原理
到應用方式，一本完整掌握！/ 森本雅之著；
陳朕疆譯. -- 初版. -- 臺北市：臺灣東販股份有
限公司, 2024. 01
216面；14.7×21公分
ISBN 978-626-379-176-3 (平裝)

1.CST: 電動機

448.22　　　　　　　　　　　　　112020490

Original Japanese Language edition
"MOTOR, MAJIWAKARAN" TO
OMOTTATOKINI YOMUHON
by Masayuki Morimoto

Copyright © Masayuki Morimoto 2022
Published by ohmsha, Ltd.
Traditional Chinese translation rights by arrangement with
Ohmsha, Ltd.
through Japan UNI Agency, Inc., Tokyo